制药工程专业实验实训

主编　周海嫔

合肥工业大学出版社

图书在版编目(CIP)数据

制药工程专业实验实训/周海嫔主编．—合肥：合肥工业大学出版社，2022.4
ISBN 978-7-5650-5725-0

Ⅰ.①制… Ⅱ.①周… Ⅲ.①制药工业—化学工程—高等学校—教材
Ⅳ.①TQ46

中国版本图书馆CIP数据核字(2022)第052987号

制药工程专业实验实训

周海嫔 主编　　　　责任编辑 张择瑞 郭 敬

出 版	合肥工业大学出版社	版 次	2022年4月第1版
地 址	合肥市屯溪路193号	印 次	2022年4月第1次印刷
邮 编	230009	开 本	710毫米×1000毫米 1/16
电 话	理工图书出版中心：0551-62903204	印 张	8.5
	营销与储运管理中心：0551-62903198	字 数	167千字
网 址	www.hfutpress.com.cn	印 刷	安徽联众印刷有限公司
E-mail	hfutpress@163.com	发 行	全国新华书店

ISBN 978-7-5650-5725-0　　　　定价：32.00元

编 委 会

主　编　周海嫔

副主编　王　悦　邵玉田

参　编　（按姓氏笔画为序）

马玉恒　马文静　安佩景　张　培

陆晓雨　吴　豪　金　鑫　程　苑

前　言

滁州学院材料与化学工程学院在近年教学中，对地方性应用型制药工程专业人才培养模式进行了探究。我们根据长三角地区对制药工程专业技术人员知识能力的需求进行分析，以“理论厚实、能力本位、市场需求”为导向，采取“校企政协同、产教研融合”人才培养模式，培养具有解决实际复杂问题能力的制药工程应用型人才。

制药工程专业实验是制药工程专业必修课，也是核心课程之一。本教材依据我们多年的实践教学经验和制药工程专业实验教学大纲的要求编定，目的是通过教学和实践，学生能够加深巩固对药物制剂、天然产物提取、药物及中间体合成制备及质量控制的专业知识的理解，理论联系实际。同时在有机化学实验的基础上，能够进一步巩固有机合成的基本操作，学习较复杂的单元反应操作，提高药物及中间体合成制备的实验技能；培养学生分析和解决实际问题的能力，为将来的工作打下一定的实验基础，成为掌握一定实验技能的专业技术人才。

本教材共有五章，第一章是制药实验操作技术；第二章是药物合成实验；第三章是天然药物化学实验；第四章是药剂学实验；第五章是药物分析实验。每个实验项目都详细介绍了实验目的、实验原理、主要试剂和仪器、实验步骤和注意事项，并针对实验内容列出了思考题，便于学生掌握。

本教材可供地方性应用型院校的制药工程专业选用，实验内容可以根据各校的实践教学学时数选用。鉴于编者水平有限，本实验教材中不妥之处难免，敬请读者批评指正。

编　者

2022 年 3 月

目　　录

第一章　制药实验操作技术

药物大多数属于结构确定、成分单一的有机化合物。制药过程中存在如何从各种液体或固体混合物中得到单纯目标化合物的问题。混合物中各种化合物存在着种类和化学性质上的差异，利用这种差异性，我们可以从混合物中提取所需要的有机化合物，再经过分离、纯化及干燥，得到某个有机化合物。

第一节　制药提取技术

有机化合物的提取、分离、纯化及干燥是最基本的实验操作技术之一，提取技术是最基础的技术。提取收集和预处理的方法选择，是影响整个提取分离的关键。因此，了解并掌握有机化合物的提取和收集等方法十分重要。

一、经典提取技术

（一）溶剂提取法

1. 溶剂提取法的原理

溶剂提取法是根据中草药中各种成分在溶剂中的溶解性质，选用对活性成分溶解度大、对不需要溶出成分溶解度小的溶剂，将有效成分从药材组织内溶解出来的方法。其基本原理是利用有机化合物在溶剂中的可溶性及溶解性的差异。当溶剂加到中草药原料（需适当粉碎）中，溶剂由于扩散、渗透作用逐渐通过细胞壁透入细胞内、溶解可溶性物质，而造成细胞内外的浓度差，于是细胞内的浓溶液不断向外扩散，溶剂又不断进入药材组织细胞中，如此多次往返，直至细胞内外溶液浓度达到动态平衡时，将此饱和溶液滤出。继续多次加入新溶剂，就可以把所需要的成分基本完全溶出或大部分溶出。

2. 影响提取效果的因素

中草药成分在溶剂中的溶解度直接与溶剂性质有关。溶剂可分为水、亲水性有机溶剂及亲脂性有机溶剂，被溶解物质也有亲水性及亲脂性的不同。有机化合物分子结构中亲水性基团多，其极性大，亲于水而疏于油；有的结构中亲水性基团少，其极性小，亲脂性大而疏于水。这种亲水性、亲脂性及其程度的大小，是和化合物的分子结构直接相关的。一般来说，两种基本母核相同的成分，其分子中功能基的极性越大、或极性功能基数量越多，则整个分子的极性大，亲水性强而亲脂性就越弱；其分子非极性部分越大，或碳链越长，则极性小，亲脂性强而亲水性就越弱。

各类溶剂的性质，同样也与其分子结构有关。例如甲醇、乙醇是亲水性比较强的溶剂，它们的分子比较小，有羟基存在，与水的结构很相似，所以能够和水任意混合。丁醇和戊醇分子中虽都有羟基，保持了和水的相似处，但分子更大，与水的性质也就相差较大，所以它们能彼此部分互溶。在它们互溶达到饱和状态之后，丁醇和戊醇都能与水分层。氯仿、苯和石油醚是烃类或氯烃衍生物，分子中没有氧，属于亲脂性强的溶剂。

总的说来，只要中草药成分的亲水性或亲脂性与溶剂的脂溶性相当，就会在其中有较大的溶解度，即所谓"相似相溶"的规律。这是选择适当溶剂提取所需要成分的依据之一。

溶剂提取法的关键在于选择合适的溶剂和方法，但是在提取过程中药材的粉碎度、提取温度和时间等都能影响提取效率。

(1) 粉碎度：溶剂提取过程包括渗透、溶解、扩散等过程，药材粉末越细，药粉颗粒表面积越大，上述过程进行得越快，提取效率就越高。但粉碎过细，表面积太大，吸附作用增强，反而影响扩散作用。另外，含蛋白质、多糖类成分较多的药材用水提取时，药材粉碎过细，虽有利于有效成分的提取，但蛋白质和多糖类杂质也溶出较多，使提取液黏稠、过滤困难，影响有效成分的提取和进一步分离，因此通常用水提取时可采用粗粉或切片，用有机溶剂提取时可以略细，以能通过 20 目筛为宜。

(2) 温度：温度增高、分子运动加快，溶解、扩散速度也加快，有利于有效成分的提出，所以热提常比冷提效率高。但温度过高，有些成分会被破坏，同时杂质溶出增多。故一般加热不超过 60 ℃，最高不超过 100 ℃。

(3) 时间：有效成分的提出率随提取时间的延长而增加，直到药材细胞内外有效成分的浓度达到平衡为止。所以不必无限制地延长提取时间，一般用水加热提取以每次 0.5～1 h 为宜，用乙醇加热提取以每次 1 h 为宜。

3. 溶剂的选择

运用溶剂提取法的关键，是选择适当的溶剂。溶剂选择适当，就可以比较顺利地将需要的成分提取出来。选择溶剂要注意以下三点：①所选溶剂对有效成分溶解度大，对杂质溶解度小；②所选溶剂不能与中药的成分起化学变化；③所选溶剂要经济、易得、使用安全等。

常见的提取溶剂可分为以下3类：

（1）水：水是一种强的极性溶剂。中草药中亲水性的成分，如无机盐、糖类、分子不太大的多糖类、鞣质、氨基酸、蛋白质、有机酸盐、生物碱盐及苷类等都能被水溶出。为了增加某些成分的溶解度，也常采用酸水及碱水作为提取溶剂。酸水提取，可使生物碱与酸生成盐类而溶出，碱水提取可使有机酸、黄酮、蒽醌、内酯、香豆素以及酚类成分溶出。某些含果胶、黏液质类成分的中草药，其水提取液常常很难过滤。沸水提取时，中草药中的淀粉可被糊化，而增加过滤的困难。故含淀粉量多的中草药，不宜磨成细粉后加水煎煮中药传统用的汤剂，多用中药饮片直火煎煮，加热除可以增大中药成分的溶解度外，还可能与其他成分产生“助溶”现象，增加了一些水中溶解度小的、亲脂性强的成分的溶解度。但多数亲脂性成分在沸水中的溶解度是不大的，即使有助溶现象存在，也不容易提取完全。如果应用大量水煎煮，就会增加蒸发浓缩时的困难，且会溶出大量杂质，给进一步分离提纯带来困难。

（2）亲水性的有机溶剂：一般指与水能混溶的有机溶剂，如乙醇（酒精）、甲醇（木精）、丙酮等，其中以乙醇最常用。乙醇的溶解性能比较好，对中草药细胞的穿透能力较强。亲水性的成分除蛋白质、黏液质、果胶、淀粉和部分多糖等外，大多能在乙醇中溶解。难溶于水的亲脂性成分，在乙醇中的溶解度也较大。还可以根据被提取物质的性质，采用不同浓度的乙醇进行提取，溶剂量小，提取时间短，溶解出的水溶性杂质也少。乙醇为有机溶剂，虽易燃，但毒性小、价格便宜、来源方便、易于回收套用，而且乙醇的提取液不易发霉变质。由于这些原因，用乙醇提取的方法是历来最常用的方法之一。甲醇的性质和乙醇相似，沸点较低（64 ℃），但有毒性，使用时应注意。

（3）亲脂性的有机溶剂：也就是一般所说的与水不能混溶的有机溶剂，如石油醚、苯、氯仿、乙醚、乙酸乙酯、二氯乙烷等。这些溶剂的选择性强，不能或不容易提出亲水性杂质。但这类溶剂挥发性大，多易燃（氯仿除外），一般有毒，价格较贵，设备要求较高，且它们透入植物组织的能力较弱，往往需要长时间反复提取才能提取完全。如果药材中含有较多的水分，用这类溶剂就很难浸出其有效成分，因此大量提取中草药原料时，直接应用这类溶剂有一定的局限性。

4. 溶剂提取方法

用溶剂法提取常采用浸渍、渗漉、煎煮、回流提取及连续提取等操作方法。

（1）浸渍：将药材的粗粉或碎块装入适当的容器中，加入适宜的溶剂（一般用水或稀醇），以浸没药料稍过量为度，时常振动或搅拌，放置一段时间，滤出提取液，药渣另加新溶剂再浸渍。如此数次，合并提取液，浓缩即得提取物。本法简单易行，但提取效率差、提取时间长，用水浸渍时，必要时应加适量防腐剂以防霉变。

（2）渗漉：渗漉法是将中草药粉末装在渗漉器中，不断添加新溶剂，使其渗透过药材，自上而下从渗漉器下部流出浸出液的一种浸出方法。当溶剂渗进药粉溶出成分比重加大而向下移动时，上层的溶液或稀浸液便置换其位置，形成良好的浓度差，使扩散能较好地进行，故浸出效果优于浸渍法。但应控制流速，在渗漉过程中随时从药面上方补充新溶剂，使药材中有效成分充分浸出为止，或当渗漉液颜色极浅时，便可认为基本上已提取完全。在大量生产中常将收集的稀渗漉液作为另一批新原料的溶剂用。渗漉提取比浸渍法提取效率高，但溶剂消耗量大。

（3）煎煮：将药材粉末或薄片加水加热煮沸而提取有效成分的方法。操作时将药材粉末或薄片装入适宜的容器中，加水浸没药粉，充分浸泡后，用直火或蒸汽加热至沸。保持微沸一定时间，滤出煎出液，药渣依法再煎煮数次，合并各次煎出液，过滤浓缩后即得提取物。此法简单但杂质溶出较多，且不宜用于含挥发性成分及有效成分遇热易破坏药材的提取。

（4）回流提取：使用有机溶剂加热提取时，需采用加热回流装置，以免溶剂挥发损失。大量提取时，一般使用有蒸汽加热隔层的提取罐。此法提取效率较冷浸法高，但溶剂消耗仍较大，且含受热易被破坏的成分的药材不宜用此法。

（5）连续提取：为了改进回流提取法中需要溶剂量大的缺点，可采用连续提取法。实验室常用的连续提取装置为索氏提取器。该法所需溶剂量较少，提取也较完全，但提取成分受热时间长、遇热不稳定易变化的成分不宜采用此法。此外，应用索氏提取器来提取时，所用的溶剂的沸点也不能过高。提取终点的判定：用溶剂提取法时，为了尽可能将有效成分提取完全，常要对提取终点进行判定。常用方法是：若有效成分未知，可取最后的提取液数毫升于蒸发皿中，挥干溶剂，不留残渣即为提取终点；若有效成分已知，可选用该有效成分的定性反应来判断，至提取液反应呈阴性或微弱的反应阳性时即为提取终点。

（二）水蒸气蒸馏法

水蒸气蒸馏法只适用于与水互不相溶且不被破坏的挥发性成分的提取，主要用于挥发油的提取。这类成分沸点在 100 ℃以上，与水不相混溶或微溶，且在约 100 ℃时有一定蒸气压，当与水一起加热时，其蒸气压和水的蒸气压总和为 101.3 kPa 时，水蒸气将挥发性成分一并带出。馏出液往往分出油水两层，将油层分出即得挥发性成分，如馏出液不分层，则将馏出液经盐析法并用低沸点溶剂（常用乙醚）将挥发性成分萃取出来，回收溶剂即得。该法除用于挥发油的提取外，也可用于某些小分子生物碱如麻黄碱、槟榔碱和某些小分子的酚类物如牡丹酚等的提取。在水蒸气蒸馏前，应先加少量水使药材粉末充分润湿后再进行操作，这将有利于挥发性成分的蒸出。

(三) 升华法

某些固体化学成分受热直接变成气态，遇冷后又凝固为固体的性质称为升华。升华既可以分离挥发度不同的固体混合物，也可以除去难挥发的杂质。天然药物中有些化学成分具有升华的性质，就能利用升华的方法将这些成分直接从药材粉末中提取出来。此法简单易行，但具有升华性的化学成分较少，仅见于少数单萜类、生物碱、游离羟基蒽醌、香豆素和有机酸类成分。茶叶中的咖啡碱在178 ℃以上就能升华而不被分解。游离羟基蒽醌类成分、一些香豆素类、有机酸类成分，有些也具有升华的性质，例如七叶内酯及苯甲酸等。

升华法虽然简单易行，但中草药炭化后，往往产生挥发性的焦油状物，黏附在升华物上，不易精制除去。另外，升华不完全，产率低，有时还伴随有分解现象。

二、现代提取技术

(一) 超临界流体萃取技术

超临界流体萃取是一项发展很快、应用很广的实用性新技术，超临界是指高于临界压力和临界温度时的一种状态。传统的提取物质中有效成分的方法，如水蒸气蒸馏法、减压蒸馏法、溶剂萃取法等，其工艺复杂、产品纯度不高，而且易残留有害物质。超临界流体萃取是利用流体在超临界状态时具有密度大、黏度小、扩散系数大等优良的传质特性而成功开发的。它具有提取率高、产品纯度好、流程简单、能耗低等优点。

1. 超临界流体萃取的原理

超临界流体萃取分离过程的原理是利用超临界流体的溶解能力与其密度的关系，即利用压力和温度对超临界流体溶解能力的影响而进行的。在超临界状态下，超临界流体具有很好的流动性和渗透性，将超临界流体与待分离的物质接触，使其有选择性地把极性大小、沸点高低和相对分子质量大小不同的成分依次萃取出来。当然，对应各压力范围所得到的萃取物不可能是单一的，但可以控制条件得到最佳比例的混合成分，然后借助减压、升温的方法使超临界流体变成普通气体，被萃取物质则完全或基本析出，从而达到分离提纯的目的，所以超临界流体萃取过程是由萃取和分离组合而成的。

用于提取有机挥发物的超临界流体，一般是二氧化碳，二氧化碳在7.38 MPa和31 ℃条件下成为超流体。使用过程中，将二氧化碳超流体通过样品，样品中的挥发性有机化合物随二氧化碳超流体一同流出。超临界流体是有机挥发物提取的好方法，但需要使用超流体提取设备，操作复杂，成本较高。

2. 影响超临界萃取的主要因素

（1）密度：溶剂强度与超临界流体的密度有关。温度一定时，密度（压力）增加，可使溶剂强度增加，溶质的溶解度增加。

（2）夹带剂：适于作为超临界流体的大多数溶剂是极性小的溶剂，这有利于选择性提取，但限制了其对极性较大溶质的应用。因此可在这些超临界流体中加入少量夹带剂（如乙醇等），以改变溶剂的极性。

（3）粒度：溶质从样品颗粒中的扩散，可用 Fick 第二定律加以描述。粒子的大小可影响萃取的收率。一般来说，粒度小有利于二氧化碳超流体萃取。

（4）流体体积：提取物的分子结构与所需的超临界流体的体积有关。增大流体的体积能提高回收率。

（二）超声波提取技术

超声波提取技术（ultrasonic extraction，UE）是近年来应用于中草药有效成分提取分离的一种最新的较为成熟的手段。超声波是指频率为 20～50 MHz 左右的电磁波，它是一种机械波，需要能量载体——介质来进行传播。超声波在传递过程中存在着正负压强交变周期，在正相位时，对介质分子产生挤压，介质密度增加；负相位时，介质分子稀疏、离散，介质密度减小。也就是说，超声波并不能使样品内的分子产生极化，而是在溶剂和样品之间产生声波空化作用，导致溶液内气泡的形成，增长和爆破压缩，从而使固体样品分散，增大样品与萃取溶剂之间的接触面积，提高目标物从固相转移到液相的传质速率。

1. 超声波萃取的原理

超声波萃取中药材的优越性，是基于超声波的特殊物理性质。主要是通过电压换能器产生的快速机械振动波来减少目标萃取物与样品成分之间的作用力，从而实现固-液萃取分离。①超声波能够加速介质质点运动，将超声波能量作用于药材中药效成分质点上，使之获得巨大的加速度和动能、迅速逸出药材成分而游离于水中。②超声波在液体介质中传播产生特殊的“空化效应”使中药材成分逸出，并使得药材成分被不断分离。其中不属于植物结构的药效成分不断被分离出来，加速植物有效成分的浸出提取。③超声波的振动匀化，使整个样品萃取更均匀。

另外，超声波的热作用也能促进超声波强化萃取，超声波在媒质质点传播过程中，能量不断被媒质质点吸收转变成热能，导致媒质质点温度升高，促进有效成分的溶解。

综上所述，天然药物中的药效物质在超声波场作用下不但作为介质质点获得自身的巨大加速度和动能，而且通过“空化效应”获得强大的外力冲击，所以能高效率并充分分离出来。

2. 超声波萃取的特点

超声波萃取适用于中药材有效成分的萃取，是中药制药彻底改变传统的水煮醇沉萃取方法的新方法、新工艺。与水煮醇沉工艺相比，超声波萃取具有如下突出特点：

（1）无需高温。在 40～50 ℃水温下超声波强化萃取，无水煮高温，不破坏中药材中某些具有热不稳定、易水解或氧化特性的药效成分。超声波能促使植物细胞破壁，提高中药的疗效。

（2）常压萃取，安全性好，操作简单易行，维护保养方便。

（3）萃取效率高。超声波强化萃取 20～40 min 即可获最佳提取率，萃取时间仅为水煮醇沉法的 1/3 或更少。萃取充分，萃取量是传统方法的 2 倍以上。据统计，超声波在 65～70 ℃工作效率非常高，而温度在 65 ℃内中草药植物的有效成分基本没有受到破坏。加入超声波后（在 65 ℃条件下），植物有效成分提取时间约 40 min；而蒸煮法的蒸煮时间往往需要 2～3 h，是超声波提取时间的 3 倍以上。每罐提取 3 次，基本上可提取有效成分的 90%以上。

（4）具有广谱性。适用性广，绝大多数的中药材各类成分均可超声萃取。

（5）超声波萃取的溶剂和目标萃取物的性质（如极性）关系不大。因此，可供选择的萃取溶剂种类多，目标萃取物范围广泛。

（6）减少能耗。由于超声萃取无需加热或加热温度低，萃取时间短，因此大大降低能耗。

（7）药材原料处理量大，成倍或数倍提高，且杂质少，有效成分易于分离、净化。

（8）萃取工艺成本低，综合经济效益显著。

（9）超声波具有一定的杀菌作用，保证萃取液不易变质。

（三）微波提取技术

微波提取（microwave - assisted extraction，MAE）是根据不同物质吸收微波能力的差异使得基体物质的某些区域或萃取体系中的某些组分被选择性加热，使得被萃取物质从基体或体系中分离，进入介电常数较小、微波吸收能力相对较差的萃取剂中，从而达到提取的目的。

1. 微波提取的原理

微波是一种频率在 300 MHz～300 GHz 之间的电磁波，它具有波动性、高频性、热特性和非热特性四大基本特性。常用的微波频率为2450 MHz。微波加热是利用被加热物质的极性分子（如 H_2O、CH_2Cl_2等）在微波电磁场中快速转向及定向排列，从而产生撕裂和相互摩擦而发热。微波加热是能量直接作用于被加热物质，空气及容器对微波基本上不吸收和反射，保证了能量的快速传递和充分利用。

2. 微波提取的特点

（1）体现在微波的选择性，因其对极性分子的选择性加热从而对其进行选择性溶出。

（2）微波提取大大缩短了提取时间，加快了提取速度。传统提取方法需要几小时至几十小时，超声提取也需0.5～1 h，微波提取只需几秒到几分钟，提取速度提高了几十至几百倍，甚至几千倍。

（3）微波提取由于受溶剂亲和力的限制较小，可供选择的溶剂较多，同时溶剂的用量较少。

微波提取一般适合于热稳定性的物质，对热敏感性物质，微波加热易导致变形或失活；要求物料有良好的吸水性，否则细胞难以吸收足够的微波将自身击破，产物也就难以释放出来；微波提取对组分的选择性差。

第二节　制药分离技术

提取到的有机物一般仍然是混合物，要得到单一的纯物质就必须再进行分离纯化过程。常规的有机化合物分离技术，如蒸馏、重结晶等，是最基本的分离技术，它们与现代的色谱分离技术相比具有简易、有效、成本低的特点，更适于工厂生产。

一、蒸馏技术

液态物质受热沸腾气化成蒸气，蒸气经冷凝又转变成液体，这一操作过程称为蒸馏。蒸馏是纯化分离液态物质的一种常用方法，通过蒸馏还可以测定纯液态物质的沸点。

蒸馏分离的基础：在一定的压力和温度下，不同的液态有机化合物具有不同的饱和蒸气压，或者说，在一定的压力下不同的液态有机化合物，具有不同的沸点。

每一种液态有机化合物，在一定的压力下，都具有确定的沸点。不同的液态有机化合物，由于结构差异而致沸点不同。在一定的温度下，每种液态有机化合物都有不同的饱和蒸气压，液态有机化合物的蒸气压越高，越易挥发。不同挥发度的液体有机化合物混合后，当受热汽化时，易挥发组分易被汽化，即低沸点的有机化合物先被蒸出；而较难挥发组分不易被汽化，即较高沸点有机化合物不易被蒸出或后被蒸出。若蒸气一旦遇冷，低沸点的成分可能仍保持为气态，而高沸点的成分则会先被冷凝成液态，通过这样的气-液平衡，从混合液体中分离出挥发和半挥发性的有机化合物。

蒸馏方法一般可分为简单蒸馏、分馏和减压蒸馏 3 类。

1. 简单蒸馏

简单蒸馏是一种最简易、常用的分离液体有机化合物的技术，适合于组分少、且各组分间沸点相差至少 30 ℃的混合液体有机化合物的分离。

简单蒸馏装置由蒸馏瓶、蒸馏头、温度计、冷凝管和接受器等组成，对于高沸点微量有机化合物的蒸馏可不用冷凝管。

简单蒸馏注意事项如下：

（1）简单蒸馏在常压下操作，装置必须与大气相通，以免发生爆炸；不得用明火加热。

（2）蒸馏瓶选择，一般液体体积约占蒸馏瓶体积的 1/3～2/3 为宜。

（3）简单蒸馏过程中，注意观察温度的变化，收集不同馏分。

（4）蒸馏速度，一般控制以馏出组分 1 滴/s 为宜。

（5）馏出蒸气的冷凝，一般是用水经直形冷凝管进行。对于非常易挥发的成分，可采用冰-水浴等加强冷凝效果；对于高沸点的蒸气（一般 130 ℃以上），则需要用空气冷凝管或将蒸气直接通入接受器，此时千万不能通水冷凝，否则会使冷凝管内外温差大而爆裂。

2. 分馏（精馏）

简单蒸馏只适宜对沸点相差大且组分少的有机液体混合物的分离。分离多种组分沸点相差 20 ℃以下的有机液体混合物，必须采用分馏或精馏的方法。

分馏是将许多次的简单蒸馏整合，在简单蒸馏系统中加入分离柱即可。

现在多种高效的分离柱，根据待分馏样品性质、数量和沸点差异，选择合适尺寸和填充材料的分离柱。一个高效的分离柱，可以分馏沸点相差 0.5 ℃的有机混合液体。

进行分馏操作时，一般需要注意以下问题：

（1）分馏柱的选择：一般沸点相差 30 ℃以上可不必用分馏柱；相差 20 ℃左右选择简单分馏柱；相差 10 ℃左右选择精细分馏柱；而沸点相差 10 ℃以下时，必须使用复杂精细的分馏柱。

（2）分馏柱柱高：柱高是影响分馏效率的重要因素之一，要合理选择。

(3) 分馏柱装填：不宜太紧或不均匀，且应注意柱的保温，以免发生“液泛”现象。

(4) 分馏柱内的温度梯度一般通过调节馏出组分速度来控制。若馏出速度太快，柱内温度梯度减小，达不到好的分离效果；若馏出速度太慢，柱内冷凝液体则会聚集产生“液泛”现象。

采用分馏技术可以有效地分离各种混合液体有机物，甚至可以分离沸点相差1～2 ℃的混合物。但是，与简单蒸馏一样，分馏操作也不能分离共沸混合物。

3. 减压蒸馏

在减压条件下进行蒸馏即减压蒸馏，它适用于高温易氧化变性和局部炭化的有机混合物分离。许多液体有机化合物的分离都采用减压蒸馏的方法，通常减压蒸馏系统包括蒸馏装置、缓冲瓶、测压装置、气体吸收装置等。

减压蒸馏系统中真空泵常分为水泵、油泵和扩散泵 3 类：水泵真空度最低，在 1～4.2 kPa（5～30 ℃）；油泵真空度次之，真空度在 15～1300 Pa；扩散泵以泵为介质，真空度可达 1～10 Pa。当有低沸点有机化合物进入泵内，将难以达到所需真空度。一般先在水泵减压下旋转蒸发除去低沸点组分，然后使用油泵减压蒸馏，再使用扩散泵减压蒸馏。

4. 沸点测定

沸点指液体化合物在 101.325 kPa 压力下沸腾的温度。纯净的有机化合物的沸程应该在±2 ℃范围。蒸馏方法分离得到的液体有机化合物，可通过测定沸点确定纯度。

液体有机化合物的沸点测定有常量法和微量法。常量法采用的是蒸馏装置，方法与简单蒸馏操作相同，而微量法所使用的装置与熔点测定装置相同。

二、结晶和沉淀法

（一）结晶与重结晶

大多数药物都是结晶态的有机化合物，结晶态的有机化合物具有一定的熔点、溶解度和结晶学特征。结晶是指从液态或非固态有机混合物中产生并得到结晶态有机化合物的过程；重结晶是指低纯度固态有机化合物重复结晶得到高纯度结晶态有机化合物的过程。结晶和重结晶是两个不同的结晶过程。结晶与重结晶的结果与使用的溶剂、温度和搅拌等因素有关。结晶和重结晶是固体有机化合物最常用的分离和纯化方法。

1. 原理

一般而言，固体有机化合物在溶剂中的溶解度随温度变化而变化。温度升高，溶解度增大；温度降低，溶解度降低。只有少数例外。

2. 实验方法

（1）溶剂的选择

结晶或重结晶方法的关键是选择有效的溶剂。结晶和重结晶操作前，先预试验选定结晶溶剂。

在加热条件下，使用1～4 mL就能溶解100 mg样品，并能在冷却下结晶析出的溶剂，可以被选作结晶溶剂。

溶剂的选择应注意的问题：

① 溶剂的化学惰性。所选溶剂应不与固体有机化合物发生化学反应，尤其在加热的条件下。

② 溶剂的沸点不宜太高，以便于结晶后去除溶剂。

③ 所选溶剂中被结晶物和杂质溶解度要有差异。

④ 混合溶剂的使用。若用单一的溶剂难以满足要求时，可使用混合溶剂。混合溶剂一般由两种溶剂组成，一种溶剂对固体有机化合物有很好的溶解性能，另一种则溶解性小，而且两种溶剂必须是可以任意混合的。

（2）实验操作

① 常量重结晶：对于1 g以上的固体样品纯化，一般采用常量重结晶。对于少量固体样品的纯化，则需采用微量操作。但溶解样品及脱色过程是它们的共同点。

a. 溶解样品。

b. 脱色。

c. 热溶液的过滤。

d. 滤液中结晶的析出。低纯度或低熔点的固体有机化合物，往往难以结晶得到高纯度结晶产物，尤其是低熔点且低纯度的。遇到难以结晶的有机化合物，除采取低温和延长时间外，可用玻璃棒蘸一些溶液放在空气中吹干溶剂析出微量固体，再将玻璃棒放回溶液或直接加入晶种；或摩擦容器内壁溶液边缘；或除去一些溶剂使溶液浓缩；或换其他溶剂重新结晶操作。对于低熔点有机化合物，最佳方法是先采用柱色谱分离纯化再结晶。

e. 结晶的分离和干燥。采用低沸点溶剂重结晶，对空气和湿气相对稳定的产品，可在空气中自然干燥；对空气和温度相对稳定的产品，可在红外灯下烘箱中干燥；对湿气和温度不稳定的产品，可在真空烘箱中减压干燥；较好的干燥方法是在装有合适干燥剂（如氯化钙、浓硫酸、硅胶、氢氧化钠、五氧化二磷等）的普通或真空干燥器中进行。

f. 混合溶剂重结晶。

② 半微量重结晶：待纯化样品的量少于500 mg时，采用普通布氏漏斗完成

操作。产物损失比较大，应该采用特殊装置及程序进行半微量重结晶。

对于热不稳定的固体有机化合物重结晶操作，还可以在常温下溶解固体，然后放入低温冰箱或其他低温装置中，待析出固体时，趁冷过滤。需要注意的是：一些溶剂在低温时会冷凝，如水和甲苯就分别在 0 ℃和－3 ℃凝固，不能选作低温重结晶的溶剂。只要选择了合适的溶剂和温度条件，重结晶操作就可以有效分离固体有机化合物

(3) 重结晶注意事项

① 选择适当的溶剂。首先需根据待纯化样品的性质选择适当的溶剂。

② 加热回流。一般需用回流装置。

③ 活性炭使用。活性炭在极性溶液中的脱色效果较好，用量尽量少，以免吸附纯化物质。

④ 热过滤操作前，应将漏斗及滤瓶事先充分预热；操作迅速，以防止晶体在漏斗上析出。

⑤ 冷却结晶。将热过滤滤液自然冷却结晶。

(二) 沉淀法

在混合物溶液中，有机化合物和一些已知的试剂反应，形成固体沉淀而被分离的方法，称为沉淀法。

常用的沉淀试剂是醋酸铅。醋酸铅有中性和碱性两种，能与许多有机化合物形成铅盐沉淀。

中性醋酸铅能和有机酸、酸性皂苷、部分黄酮以及蛋白质、氨基酸、鞣质、树脂等酸性和酚类物质产生沉淀。

碱性醋酸铅，除了能沉淀中性醋酸铅沉淀的那些物质外，还能沉淀醇、酮、醛、异黄酮、部分生物碱和糖类有机化合物。

沉淀的有机化合物铅盐脱铅后，得到各种含有活性官能团的有机化合物。

醋酸铅沉淀法关键步骤是脱铅处理，常用硫化氢或硫酸、磷酸以及强酸性阳离子交换树脂等方法脱铅。

使用铅盐毒性较大，常用氢氧化铝或明矾等代替醋酸铅，铝盐的沉淀效果没有铅盐好。

(三) 熔点测定

固体有机化合物纯度，可以通过测定有机化合物的熔点和熔程来判断。纯的有机化合物具有确定的熔点，且熔距不超过 0.5～1 ℃。低纯度化合物及具有相同熔点的固体有机混合物，熔距较长。根据固体有机化合物的熔点和熔距可以判断化合物及其纯度。熔点是鉴定固体有机化合物的重要参数，也是固体有机化合物纯度的判断标准之一。

测定固体有机化合物熔点的常用方法有毛细管法和数字熔点仪法。

毛细管法是将固体有机化合物装入单口的毛细管中，样品高约 4 mm，要装得紧密均匀，用细橡皮圈将毛细管固定在温度计上，毛细管装样部位位于温度计水银球处，b 形管注入导热液，使导热液液面位于 b 形管交叉口处，使温度计的水银球位于 b 形管两支管的中间，慢慢加热测定熔点。

使用毛细管法测定熔点的注意事项：

（1）样品干燥　待测样品必须充分干燥，有水分存在会致熔点降低、熔距变宽。

（2）样品处理　待测样品需充分研细，装样要紧密均匀，否则会致熔距变宽。

（3）加热　b 形管加热时可先快速，接近熔点时必须缓慢加热。对于未知熔点固体有机化合物一般需要先粗测一次熔点，确定熔点的温度范围，然后再精测。

（4）观察　如果观察到毛细管中固体有机化合物产生色变、升华和炭化等现象，则不能使用熔点测定。

（5）复测　熔点测定必须进行复测，每次要使用新装样样品熔点毛细管。

三、膜分离技术

膜分离技术是近年来发展较快的有机化合物分离方法，可以分离气态有机化合物、液态有机化合物和某些固态有机化合物，操作简单且无需或只需要很少溶剂。

膜分离技术的基本原理是利用膜的孔径大小使分子大小不同的有机化合物分离开来。可以分离液态、固态和气态各种有机化合物。尤其是对气态有机化合物的分离，膜分离技术已经非常成熟，应用广泛，如聚硅氧烷膜调节气体出入就可以使食物保鲜和粮食储存很长时间。

透析法是经典的膜分离技术之一。利用半透膜能使小分子物质通过而大分子物质不能通过的原理，使分子大小不同的有机化合物得到分离。操作时将样品加入有半透膜内衬的透析袋中，然后将透析袋放入清水或稀醇溶剂中，小分子有机化合物将从透析袋透析到水或稀醇中，大分子有机化合物保留在透析袋中。

电透析法适用于能离子化的有机化合物，在半透膜透析袋两旁放置电极，接通电路，透析袋中带负电荷的分子如有机酸等向阳极移动，带正电荷的分子如生物碱等向阴极移动，而中性有机化合物和不能透析的大分子则仍存留在透析袋中。电透析法使透析速度增加数十倍。

膜分离技术的关键是制膜材料。目前的材料是有机硅和有机氟高分子聚合物，即硅膜（聚甲基硅氧烷及其改性高分子聚合物）和氟膜（聚四氟乙烯及改性聚合物），它们可以对脂肪烃、芳香烃、卤代烃、含氮有机化合物（含氨基、硝基和氰基等）、羰基有机化合物（醛、酮等）、酚和醇、杂环以及醚和酯等各类有机化合物进行分离和浓缩。

膜分离分为非选择性分离和选择性分离两种类型。

(1) 非选择性分离类型，即膜材料与有机化合物分子不发生作用，根据膜孔径的大小分离有机化合物，比如经典透析法，属于此种类型。

(2) 选择性分离类型不仅根据膜的孔径大小，而且还根据膜材料对不同有机化合物具有特异选择性作用而分离有机化合物，如硅膜对许多极性有机化合物和苯系列物质有选择分离作用，而氟膜对中性不易挥发的有机化合物具有选择分离作用。

膜分离技术装置一般根据分离对象的状态及特性自行组装。现在制膜工艺和分离技术发展迅速，性能优异的新膜材料不断出现，适应对各类有机化合物的分离；还可以将孔径不同和具有特异选择性的各种膜合理地串联使用，从而提高分离效果；分离膜探针对生物体中的有机化合物进行分离；膜分离技术与各类色谱和质谱联用，可实现有机化合物提取分离和结构鉴定一体化。

综上所述，膜分离技术是一种非常好的有机化合物分离技术，将会极大地改善有机化合物的分离和纯化。

第三节　制药色谱分离技术

色谱法，过去又称层析法。

一、色谱原理

色谱分离原理是使被分离物中各组分在固定相和流动相两相间进行分配。

根据其分离原理，有吸附色谱、分配色谱、离子交换色谱与排阻色谱或凝胶色谱等方法。

（一）吸附色谱

吸附色谱法是利用吸附剂对被分离物质的吸附能力不同，用溶剂或气体洗脱，以使组分得到分离。常用的吸附剂有氧化铝、硅胶、聚酰胺等有吸附活性的物质。液-固吸附色谱是运用较多的一种方法，特别适用于很多中等相对分子质量的样品（相对分子质量小于 1000 的低挥发性样品）的分离，尤其是脂溶性成分；一般不适用于相对分子质量较高的样品如蛋白质、多糖或离子型亲水性化合物等的分离。

吸附色谱的分离效果，取决于吸附剂、溶剂和被分离化合物的性质这 3 个因素。

1. 吸附剂

常用的吸附剂有硅胶、氧化铝、活性炭、硅酸镁、聚酰胺、硅藻土等。

（1）硅胶：色谱用硅胶为多孔性物质，分子中具有硅氧烷的交联结构，同时在颗粒表面又有很多硅醇基。硅胶吸附作用的强弱与硅醇基的含量多少有关。硅醇基能够通过氢键的形成而吸附水分，因此硅胶的吸附力随吸着的水分增加而降低。若吸水量超过 17%，吸附力极弱，不能用作为吸附剂，但可作为分配色谱中的支持剂。一般用硅胶作为吸附剂时，先要对硅胶进行活化，将硅胶加热至 100～110 ℃时，硅胶表面因氢键所吸附的水分即能被除去，从而实现活化。当温度升高至 500 ℃时，硅胶表面的硅醇基也能脱水缩合转变为硅氧烷键，从而丧失了因氧键吸附水分的活性，就不再有吸附剂的性质，用水处理亦不能恢复其吸附活性，所以硅胶的活化不宜在较高温度下进行（一般在 170 ℃以上即有少量结合水失去）。硅胶是一种酸性吸附剂，适用于中性或酸性成分的色谱。同时硅胶又是一种弱酸性阳离子交换剂，其表面上的硅醇基能释放弱酸性的氢离子，当遇到较强的碱性化合物，则可因离子交换反应而吸附碱性化合物。

（2）氧化铝：氧化铝可能带有碱性，对于分离一些碱性天然药物成分，如生物碱类的分离比较理想。但是碱性氧化铝不宜用于醛、酮、酸、内酯等类型的化合物分离。因为有时碱性氧化铝可与上述成分发生反应，如异构化、氧化、消除反应等。除去氧化铝中弱碱性杂质可用水洗至中性，称为中性氧化铝。中性氧化铝仍属于碱性吸附剂的范畴，适用于酸性成分的分离。用稀硝酸或稀盐酸处理氧化铝，不仅可中和氧化铝中含有的碱性杂质，并可使氧化铝颗粒表面带有 NO_2^- 或 Cl^- 阴离子，从而具有离子交换剂的性质，适合于酸性成分的色谱分离，这种氧化铝称为酸性氧化铝。供色谱分离用的氧化铝，其粒度要求在 100～160 目之间。粒度大于 160 目，分离效果差；小于 100 目，溶剂流速太慢，易使谱带扩散。样品与氧化铝的用量比，一般在 1∶（20～50）之间，色谱柱的内径与柱长比例在 1∶（10～20）之间。在用溶剂冲洗柱时，流速不宜过快，洗脱液的流速一般以每 0.5～1 h 内流出液体的体积（mL）与所用吸附剂的质量（g）相等为合适。

（3）活性炭：是使用较多的一种非极性吸附剂。一般需要先用稀盐酸洗涤，其次用乙醇洗，再以水洗净，于 80 ℃干燥后即可供色谱用。色谱用的活性炭，最好选用颗粒活性炭，若为活性炭细粉，则需加入适量硅藻土作为助滤剂一并装柱，以免流速太慢。活性炭主要用于分离水溶性成分，如氨基酸、糖类及某些苷。活性炭的吸附作用，在水溶液中最强，在有机溶剂中则相对较弱。故水的洗脱能力最弱，而有机溶剂则较强。例如以醇-水进行洗脱时，则随乙醇浓度的递增而洗脱力增加。活性炭对芳香族化合物的吸附力大于脂肪族化合物，对大分子化合物的吸附力大于小分子化合物。利用这些吸附性的差别，可将水溶性芳香族物质与脂肪族物质分开，单糖与多糖分开，氨基酸与多肽分开。

2. 溶剂

色谱过程中溶剂的选择，对组分分离影响极大。柱色谱所用的溶剂（单一溶剂或混合溶剂）习惯上称洗脱剂，用于薄层或纸色谱时常称展开剂。洗脱剂的选择，须根据被分离物质与所选用的吸附剂性质两者结合起来加以考虑。在用极性吸附剂进行色谱时，当被分离物质为弱极性物质，一般选用弱极性溶剂为洗脱剂；被分离物质为强极性成分，则须选用极性溶剂为洗脱剂。

在柱色谱操作时，被分离样品在加样时可采用干法，也可选一适宜的溶剂将样品溶解后加入。溶解样品的溶剂应选择极性较小的，以便被分离的成分可以被吸附，然后逐渐增大溶剂的极性。这种极性的增大是一个十分缓慢的过程，称为“梯度洗脱”，使吸附在色谱柱上的各个成分逐个被洗脱。如果极性增大过快，就不能获得满意的分离。溶剂的洗脱能力有时可以用溶剂的介电常数（e）来表示。介电常数高，洗脱能力就大。以上的洗脱顺序仅适用于极性吸附剂，如硅胶、氧化铝；对非极性吸附剂，如活性炭，则正好与上述顺序相反，在水或亲水性溶剂中所形成的吸附作用，比在脂溶性溶剂中要强。

3. 被分离物质的性质

被分离的物质与吸附剂、洗脱剂共同构成吸附色谱中的三个要素，彼此紧密相联。在指定吸附剂与洗脱剂的条件下，各个成分的分离情况直接与被分离物质的结构与性质有关。对极性吸附剂而言，成分的极性大，吸附性强。

总之，只要两个成分在结构上存在差别，就有可能被分离，关键在于条件的选择。要根据被分离物质的性质、吸附剂的吸附强度、与溶剂的性质这三者的相互关系来综合考虑。首先要考虑被分离物质的极性，如被分离物质极性很小，或非极性基团，则需选用吸附性较强的吸附剂，并用弱极性溶剂如石油醚或苯进行洗脱。但多数天然药物成分的极性较大，则需要选择吸附性能较弱的吸附剂（一般 III～IV 级）。采用的洗脱剂极性应由小到大按某一梯度递增，或可应用薄层色谱以判断被分离物在某种溶剂系统中的分离情况。此外，能否获得满意的分离，还与选择的溶剂梯度有很大关系。

以下介绍操作方法：

1. 装柱

将色谱柱洗净、干燥。底部先放数颗用纱布包着的玻璃珠，再铺一层脱脂棉。装柱法有两种，即干装法和湿装法。

(1) 干装法：将吸附剂通过漏斗倒入柱内，中间不应间断，形成一细流慢慢加入管内。也可用橡皮锤或洗耳球轻轻敲打色谱柱，或于下端抽真空，使装填均匀紧密。柱装好后，打开下端活塞，然后倒入洗脱剂，以排尽柱内空气，并保持一定的液面。

(2) 湿装法：将最初准备使用的洗脱剂装入柱内，打开下端活塞、使洗脱剂缓慢流出，然后把吸附剂慢慢连续不断地倒入柱内（或将吸附剂与适量洗脱剂调成混悬液慢慢加入柱内）。吸附剂依靠重力和洗脱剂的带动，在柱内自由沉降。此间要不断把流出的洗脱剂加回柱内，直至把吸附剂加完并在柱内沉降不再变动为止。然后在吸附剂上面加一小片滤纸或少许脱脂棉花。根据加样量控制洗脱剂液至一定高度。

2. 加样

将欲分离的样品溶于少量装柱时用的洗脱剂中，制成样品溶液，加于色谱柱中吸附剂面上。如样品不溶于装柱时用的洗脱剂，则将样品溶于易挥发的溶剂中，并加入适量吸附剂（不超过柱中吸附剂全量的 1/10）与其拌匀，除尽溶剂，将拌有样品的吸附剂均匀加到柱顶，再覆盖一层吸附剂或玻璃珠即可。

3. 洗脱

(1) 常压洗脱：是指色谱柱上端不密封，与大气相通。先打开柱下端活塞，保持洗脱剂流速 1～2 滴/s，等份收集洗脱液。上端不断添加洗脱剂（可用分液漏斗控制添加速度与下端流出速度相近）。如单一溶剂洗脱效果不好，可用混合溶剂洗（一般不超过三种溶剂），通常采用梯度洗脱。洗脱剂的洗脱能力由弱到强逐渐递增。每份洗脱液采用薄层色谱或纸色谱定性检查，合并含相同成分的洗脱液。经浓缩、重结晶处理往往可得到某一单体成分。如仍为几个成分的混合物，不易析出单体成分的结晶，则需要进一步色谱分离或用其他方法分离。

(2) 低压洗脱：是指色谱柱上配一装洗脱剂的色谱球，并将色谱球与氮气瓶相连通，在 0.5～5 kgf/cm^2 ($1\ kgf/cm^2 = 98.0665\ kPa$) 压力下洗脱。此法所用色谱柱为硬质玻璃柱。使用的吸附剂颗粒直径较小（200～300 目），可用薄层色谱用的硅胶、氧化铝，细颗粒的聚酰胺、活性炭等。分离效果较经典柱色谱高。

（二）分配色谱

分配色谱是利用混合物中各成分在两种不相混溶的液体之间的分布情况不同，而进行分离的一种方法。相当于连续逆流萃取分离法，所不同的是把其中一种溶剂固定在某一固体物质上，这种固体物质只是用来固定溶剂，本身没有吸附能力，称为“支持剂”或“担体”。被支持剂吸着固定的溶剂称为固定相，用来冲洗柱子的溶剂称为流动相。在洗脱过程中，流动相流经支持剂时与固定相发生接触。由于样品中各成分在两相之间的分配系数不同，因而向下移动速度也不一样，易溶于流动相中的成分移动快，而在固定相中溶解度大的成分移动慢，从而得以分离。

1. 支持剂的选择

作为分配色谱的支持剂应具备以下条件：①中性多孔粉末，无吸附作用，不溶于色谱时所用的溶剂系统中；②能吸着一定量的固定相，最好能达到支持相的50%以上，而流动相能自由通过，并不改变其组成。常用的支持剂有以下几种：

（1）含水硅胶　含水量在17%以上的硅胶已失去吸附作用，可作为分配色谱的支持剂。硅胶吸收本身重量50%的水仍呈不显潮湿的粉末状。

（2）硅藻土　作为分配色谱的支持剂很好。因为硅藻土可吸收其本身重量的100%的水，而仍呈粉末状，几无吸附性能，且装柱容易。

（3）纤维素　能吸收本身重100%的水，仍呈粉末状。

2. 固定相的选择

如分离亲水性成分，用正相分配色谱。在正相分配色谱中，所用固定相一般为水、各种水溶液（如酸、碱、盐、缓冲液、甲醇、甲酰胺等）。如分离亲脂性成分，则用反相分配色谱。在反相分配色谱中，所用固定相多为亲脂性强的有机溶剂，如硅油、液体石蜡等。

3. 流动相的选择

在正相分配色谱中，流动相常选用石油醚、环已烷、苯、氯仿、乙酸乙酯、正丁醇、异戊醇等与水不相混溶（或很少混溶）的有机溶剂。洗脱时流动相的亲水性由弱到强逐渐增加。

在反相分配色谱中，流动相常选用水、甲醇、乙醇等。洗脱时流动相的亲水性由强至弱逐渐减小。

4. 操作方法

（1）装柱　先将选好的固定相溶剂和支持剂放在烧杯内搅拌均匀，在布氏漏斗上抽滤。除去多余的固定相后，再倒入选好的流动相溶剂中，剧烈搅拌，使两相互相饱和平衡，然后在色谱柱中加入已用固定相溶剂饱和过的流动相，再将载有固定相的支持剂按吸附柱色谱湿装法装入柱中。

（2）加样　样品量与支持剂量比是1：（100～1000），加样量比吸附色谱少。方法是将样品溶于少量流动相中，加于柱的顶端。如样品难溶于流动相，易溶于固定相，则用少量固定相溶解后，须用少量支持剂，再装于柱顶。如样品在两相中溶解度均不大，则可溶于其他适宜的易挥发溶剂中，拌以干燥的支持剂，待溶剂挥尽后，按1∶（0.5～1）（支持剂∶固定相）的量加入固定相拌匀后上柱。

（3）洗脱 洗脱方法同吸附柱色谱法，但必须注意的是，用作流动相的溶剂一定要事先以固定相溶剂饱和，否则色谱过程中大量的流动相通过支持剂时，就会破坏平衡，最后只剩下支持剂，达不到分离的目的。

（三）离子交换色谱

离子交换色谱是利用离子交换剂上的可交换离子与周围介质中被分离的各种离子间的亲和力不同，经过交换平衡达到分离目的的一种柱色谱法。该法可以同时分析多种离子化合物，具有灵敏度高，重复性、选择性好，分离速度快等优点，是当前最常用的色谱法之一，常用于多种离子型生物分子的分离，包括蛋白质、氨基酸、多肽及核酸等的分离。

离子交换色谱对物质的分离通常是在一根充填有离子交换剂的玻璃管中进行的。离子交换剂为人工合成的多聚物，其上带有许多可电离基团，根据这些基团所带电荷的不同，可分为阴离子交换剂和阳离子交换剂。含有欲被分离的离子的溶液通过离子交换柱时，各种离子即与离子交换剂上的带电部位竞争结合。离子通过柱时的移动速率取决于与离子交换剂的亲和力、电离程度和溶液中各种竞争性离子的性质和浓度。离子交换剂是由基质、荷电基团和反离子构成，在水中呈不溶解状态，能释放出反离子。同时它与溶液中的其他离子或离子化合物相互结合，结合后不改变本身和被结合离子或离子化合物的理化性质。

离子交换剂与水溶液中离子或离子化合物所进行的离子交换反应是可逆的。假定以 RA 代表阳离子交换剂，在溶液中解离出来的阳离子 A^+ 与溶液中的阳离子 B^- 可发生可逆的交换反应：

$$RA+B^+ \rightarrow RB+A^+$$

该反应能以极快的速度达到平衡，平衡的移动遵循质量作用定律。

溶液中的离子与交换剂上的离子进行交换，一般来说，电性越强，越易交换。对于阳离子树脂，在常温常压的稀溶液中，交换量随交换剂离子的电价增大而增大。例如：

$$Na^+ < Ca^{2+} < Al^{3+} < Si^{4+}$$

若原子价数相同，交换量则随交换离子的原子序数的增大而增大。例如：

$$Li^+ < Na^+ < K^+ < Pb^+$$

在稀溶液中，强碱性树脂各负电性基团的离子结合力次序是：

$$CH_3COO^- < F^- < OH^- < HCOO^- < Cl^- < SCN^- < Br^- < CrO_4{}^{2-} < NO_2{}^-$$

$<I^-<C_2O_4^{2-}<SO_4^{2-}<$柠檬酸根

弱酸性阴离子交换树脂对各负电性基团结合力的次序为：

$F^-<Cl^-<Br^-<I^-<CH_3COO^-<MnO_4^-<PO_4^{3-}<AsO_4^{2-}<NO_3^-<$酒石酸根$<$柠檬酸根$<CrO_4^{2-}<SO_4^{2-}<OH^-$

两性离子如蛋白质、核苷酸、氨基酸等与离子交换剂的结合力，主要取决于它们的理化性质和特定的条件呈现的离子状态：当 $pH<pI$ 时，能被阳离子交换剂吸附；反之，当 $pH>pI$ 时，能被阴离子交换剂吸附。

若在相同 pI 条件下，且 $pI>pH$ 时，pI 越高，碱性就越强，就越容易被阳离子交换剂吸附。

选择离子交换剂的一般原则如下：

（1）选择阴离子或阳离子交换剂，取决于被分离物质所带的电荷性质。如果被分离物质带正电荷，应选择阳离子交换剂；如带负电荷，应选择阴离子交换剂；如被分离物为两性离子，则一般应根据其在稳定 pH 范围内所带电荷的性质来选择交换剂的种类。

（2）强型离子交换剂使用的 pH 范围很广，所以常用它来制备去离子水和分离一些在极端 pH 溶液中解离且较稳定的物质。

（3）离子交换剂处于电中性时常带有一定的反离子，使用时选择何种离子交换剂，取决于交换剂对各种反离子的结合力。为了提高交换容量，一般应选择结合力较小的反离子。据此，强酸型和强碱型离子交换剂应分别选择 H^+ 型和 OH^- 型，弱酸型和弱碱型离子交换剂应分别选择 Na^+ 型和 Cl^- 型。

（4）交换剂的基质是疏水性还是亲水性，对被分离物质有不同的作用性质，因此对被分离物质的稳定性和分离效果均有影响。一般认为，在分离生命大分子物质时，选用亲水性基质的交换剂较为合适，它们对被分离物质的吸附和洗脱都比较温和，活性不易被破坏。

（四）排阻色谱或凝胶色谱

排阻色谱又称凝胶色谱或凝胶渗透色谱，是利用被分离物质相对分子质量大小的不同和在填料上渗透程度的不同来进行分离。常用的填料有分子筛、葡聚糖凝胶、微孔聚合物、微孔硅胶或玻璃珠等，可根据载体和试样的性质，选用水或有机溶剂为流动相。该法设备简单，操作方便，重复性好。

凝胶是一种不带电的具有三维空间的多孔网状结构、呈珠状颗粒的物质，每个颗粒的细微结构及筛孔的直径均匀一致，像筛子，小的分子可以进入凝胶网孔，而大的分子则排阻于颗粒之外。当含有分子大小不一的混合物样品加到用此类凝胶颗粒装填而成的色谱柱上时，这些物质即随洗脱液的流动而发生移动。大分子物质沿凝胶颗粒间隙随洗脱液移动，流程短、移动速率快、先被洗出色谱柱；而小分子物质可通过凝胶网孔进入颗粒内部，然后再扩散出来，故流程长、移动速度慢，最后被洗出色谱柱，从而使样品中不同大小的分子彼此获得分离。如果两种以上不同相对分子质量的分子都能进入凝胶颗粒网孔，但由于它们被排阻和扩散的程度不同。在凝胶柱中所经过的路程和时间也不同，从而彼此也可以分离开来。

常用的凝胶类型有：交联葡聚糖凝胶、琼脂糖凝胶、聚丙烯酰胺凝胶等。

二、色谱分离方法

色谱法的分离方法有柱色谱法、纸色谱法、薄层色谱法、气相色谱法、高效液相色谱法等。色谱所用溶剂应与试样不发生化学反应，一般选用纯度较高的溶剂。色谱分离时的温度，除气相色谱法或另有规定外，均系指在室温下操作。

分离后各成分的检出，应采用各单体中规定的方法。通常用柱色谱、纸色谱或薄层色谱分离有色物质时，可根据其色带进行区分，对有些无色物质，可在 245～365 nm 的紫外灯下检视。纸色谱或薄层色谱也可喷显色剂使之显色。薄层色谱还可用加有荧光物质的薄层硅胶，采用荧光熄灭法检视。用纸色谱进行定量测定时，可将色谱斑点部分剪下或挖取，用溶剂溶出该成分，再用分光光度法或比色法测定；也可用色谱扫描仪直接在纸或薄层板上测出。柱色谱、气相色谱和高效液相色谱可用于色谱柱出口处的各种检测器检测。柱色谱还可分部收集流出液后用适宜方法测定。柱色谱法所用色谱管为内径均匀、下端缩口的硬质玻璃管，下端用棉花或玻璃纤维塞住，管内装有吸附剂。色谱柱的大小，吸附剂的品种和用量，以及洗脱时的流速，均按各单体中的规定执行。吸附剂的颗粒应尽可能保持大小均匀，以保证良好的分离效果。除另有规定外，通常多采用直径为 0.07～0.15 mm 的颗粒。吸附剂的活性或吸附力对分离效果有影响，应当注意。

（1）吸附剂的填装

① 干法　将吸附剂一次性加入色谱管，振动管壁使其均匀下沉，然后沿管壁缓缓加入开始色谱时使用的流动相、或将色谱管下端出口加活塞，加入适量的流动相，旋开活塞使流动相缓缓滴出，然后自管顶缓缓加入吸附剂，使其均匀地润湿下沉，在管内形成松紧适度的吸附层。操作过程中应保持有充分的流动相留在吸附层的上面。

② 湿法　将吸附剂与流动相混合，搅拌以除去空气泡，徐徐倾入色谱管中，然后再加入流动相，将附着于管壁的吸附剂洗下，使色谱柱表面平整。填装吸附

剂所用流动相从色谱柱自然流下，液面将与柱表面相平时，即加试样溶液。

（2）试样的加入　除另有规定外，将试样溶于色谱时使用的流动相中，再沿色谱管壁缓缓加入，注意勿使吸附剂翻起；或将试样溶于适当的溶剂中，与少量吸附剂混匀再使溶剂挥发去尽后使呈松散状；将混有试样的吸附剂加在已制备好的色谱柱上面。如试样在常用溶剂中不溶解，可将试样与适量的吸附剂在乳钵中研磨混匀后加入。

（3）洗脱　除另有规定外，通常按流动相洗脱能力大小，递增变换流动相的品种和比例，分别分部收集洗脱液，至洗脱液中所含成分显著减少或不再含有时，再改变流动相的品种和比例。操作过程中应保持有充分的流动相留在吸附层的上面。

（一）纸色谱法

以纸为载体，用单一溶剂或混合溶剂进行分配。亦即以纸上所含水分或其他物质为固定相，用流动相进行展开的分配色谱法。

所用滤纸应质地均匀平整、且有一定的机械强度。必须不含会影响色谱效果的杂质，也不应与所用显色剂起作用，以免影响分离和鉴别效果，必要时可做特殊处理后再用。试样经色谱后可用比移值（比移值＝原点中心至色谱斑点中心的距离与原点中心至流动相前沿的距离之比，R_f）表示各组成成分的位置。由于影响比移值的因素较多，因此一般采用在相同实验条件下对照物质对比以确定其异同。作为单体鉴别时，试样所显主色谱斑点的颜色（或荧光）与位置，应与对照（标准）样所显主色谱的斑点或供试品-对照品（1∶1）混合所显的主色谱斑点相同。进行质量指标（纯度）检查时，可取一定量的试样，经展开后，按各单体的规定，检视其所显杂质色谱斑点的个数或呈色（或荧光）的强度。进行含量测定时，可将色谱斑点剪下洗脱后，再用适宜的方法测定也可用色谱扫描仪测定。

色谱可以向一个方向进行，即单向色谱；也可进行双向色谱，即先向一个方向展开，取出，等流动相完全挥发后，将滤纸转 90°，再用原流动相或另一种流动相进行展开，亦可多次展开。

（二）薄层色谱法

薄层色谱是一种简便、快速、微量的色谱方法。一般将柱色谱用的吸附剂撒布到玻璃片上，形成一薄层进行色谱时，即称薄层色谱，其原理与柱色谱基本相似。

1. *薄层色谱的特点*

薄层色谱在应用与操作方面的特点与柱色谱的比较相似。

2. 吸附剂的选择

薄层色谱用的吸附剂选择原则和柱色谱相同。主要区别在于薄层色谱要求吸附剂（支持剂）的粒度更细，一般应小于 250 目，并要求粒度均匀。用于薄层色谱的吸附剂或预制薄层一般活度不宜过高，以Ⅱ～Ⅲ级为宜。而展开距离则随薄层的粒度粗细而定，薄层粒度越细，展开距离相应缩短，一般不超过 10 cm，否则可引起色谱扩散，影响分离效果。

3. 展开剂的选择

薄层色谱，当吸附剂活度为一定值时（如 II 级或 III 级），对多组分的样品能否获得满意的分离，决定于展开剂的选择。天然药物化学成分在脂溶性成分中，大致可按其极性不同而分为无极性、弱极性、中极性与强极性，但在实际工作中，经常需要利用溶剂的极性大小，对展开剂的极性予以调整。

4. 特殊薄层

针对某些性质特殊的化合物的分离与检出，有时需采用一些特殊薄层。

（1）荧光薄层　有些化合物本身无色，在紫外灯下也不显荧光，又无适当的显色剂时，则可在吸附剂中加入荧光物质制成荧光薄层进行色谱。展层后置于紫外光下照射，薄层板本身显荧光，而样品斑点处不显荧光，即可检出样品的色谱位置。

常用的荧光物质多为无机物。其一是在 254 nm 紫外光激发下显出荧光的，如锰激化的硅酸锌；另一种为在 365 nm 紫外光激发下发出荧光的，如银激化的硫化锌。

（2）络合薄层　常用的有硝酸银薄层，用来分离碳原子数相等而其中碳碳双键数目不等的一系列化合物，如不饱和醇、酸等。其主要机理是由于碳碳双键能与硝酸银形成络合物，而饱和的碳碳键则不与硝酸银络合。因此在硝酸银薄层上，化合物可由于饱和程度不同而获得分离。色谱时饱和化合物由于吸附最弱而 R_f 最高，含一个双键的较含两个双键的 R_f 值高，含一个三键的较含一个双键的 R_f 值高。此外，在一个双键化合物中，顺式的构型与硝酸银络合较反式的易于进行。因此，还可用来分离顺反异构体。

（3）酸碱薄层和 pH 缓冲薄层　为了改变吸附剂原来的酸碱性，可在铺制薄层时采用稀酸或稀碱以代替水调制薄层。例如硅胶带微酸性，有时对碱性物质如生物碱的分离不好，如不能展层或拖尾，则可在铺薄层时，用稀碱溶液（0.1～0.5 mol/L NaOH 溶液）制成碱性硅胶薄层。

5. 应用

薄层色谱法在中草药化学成分的研究中，主要应用于化学成分的预试、化学成分的鉴定及探索柱层分离的条件。用薄层色谱法进行中草药化学成分预试，可依据各类成分性质及已知的条件，有针对性地进行。由于在薄层上展层后，可将一些杂质分离，选择性高，可使预试结果更为可靠。

以薄层色谱法进行中草药化学成分鉴定，最好要有标准样品进行对照。如用数种溶剂展层后，标准品和鉴定品的 R_f 值、斑点形状、颜色都完全相同，则可得到初步结论是同一化合物。但一般需采用一种仪器分析方法如化学反应或红外光谱等加以核对。

用薄层色谱法探索柱色谱分离条件，是实验室的常规方法。在进行柱色谱分离时，首先考虑选用何种吸附剂与洗脱剂。在洗脱过程中各个成分将按何种顺序被洗脱，每一洗脱液中是否为单一成分或混合体，均可由薄层的分离得到判断与检验。通过薄层的预分离，还可以了解多组分样品的组成与相对含量。如在薄层上摸索到比较满意的分离条件，即可将此条件用于柱色谱。但亦可以将薄层分离条件经适当改变，转至一般柱色谱所采用洗脱的方式进行制备柱分离。薄层色谱法亦应用于中草药品种、药材及其制剂真伪的检查、质量控制和资源调查，对控制化学反应的进程、反应副产品产物的检查、中间体分析、化学药品及制剂杂质的检查、临床和生化检验以及毒物分析等，都是有效的手段。

（三）气相色谱法

气相色谱法是在以适当的固定相做成的柱管内、利用气体（载气）作为移动相，使试样（气体、液体或固体）在气体状态下展开。在色谱柱内分离后，各种成分先后进入检测器，用记录仪记录色谱图。在对装置进行调试后，按各单体的规定条件调整柱管检测器、温度和载气流量。进样口温度一般应高于柱温 30～50 ℃。如用火焰电离检测器，其温度应等于或高于柱温，但不得低于 100 ℃，以免水汽凝结。色谱上分析成分的峰的位置，以滞留时间（从注入试样液到出现成分最高峰的时间）和滞留容量（滞留时间×载气流量）来表示。这些在一定条件下能反映出物质所具有特殊值，并据此确定试样成分。

根据色谱上出现的物质成分的峰面积或峰高进行定量。峰面积可用面积测定仪测定，按半宽度法求得（即以峰 1/2 处的峰宽×峰高求得）。峰高的测定方法是从峰高的顶点向记录纸横坐标作垂线，找出此垂线与峰的两下端连接线的交点，即以此交点至峰顶点的距离长度为峰高。

定量方法可分以下 3 种：

1. 内标准法

取标准被测成分，按依次增加或减少的已知阶段量，各自分别加入各单体所规定的定量内标准物质中，调制标准溶液。分别取此标准液的一定量注入色谱柱，根据色谱图，取标准被测成分的峰面积和峰高与内标物质的峰面积和峰高之比为纵坐标，取标准被测成分量和内标物质量之比（或标准被测成分量）为横坐标，制成标准曲线。

按单体中所规定的方法调制试样液。在调制试样液时，预先加入与调制标准液时等量的内标物质，然后按制作标准曲线时的同样条件下得出的色谱，求出被测成分的峰面积或峰高和内标物质的峰面积或峰高之比，再按标准曲线求出被测成分的含量。

所用的内标物质，应采用其峰面积的位置与被测成分的峰的位置尽可能接近并与被测成分以外的峰位置完全分离的稳定的物质。

2. 绝对标准曲线法

取标准被测成分，按依次增加或减少阶段法，各自调制成标准液，注入一定量后，按色谱图取标准被测成分的峰面积或峰高为纵坐标，而以标准被测成分的含量为横坐标，制成标准曲线。然后按单体中所规定的方法制备试样液。取试样液按制标准曲线时相同的条件作出色谱，求出被测成分的峰面积和峰高，再按标准曲线求出被测成分的含量。

3. 峰面积百分率法

以色谱中所得各种成分的峰面积的总和为 100、按各成分的峰面积总和之比，求出各成分的组成比率。

（四）高效液相色谱法

高效液相色谱法是一种多用途的色谱方法，可以使用多种固定相和流动相，并可以根据特定类型分子的大小、极性、可溶性或吸收特性的不同将其分离开来。高效液相色谱仪一般由溶剂槽、高压泵（有一元、二元、四元等多种类型）、色谱柱、进样器（手动或自动）、检测器（常见的有紫外检测器、折光检测器、黄光检测器等）、数据处理机或色谱工作站等组成。

其核心部件是耐高压的色谱柱。高效液相色谱（HPLC）柱通常由不锈钢制成，并且所有的组成元件、阀门等都是由可耐高压的材料制成。溶剂运送系统的选择取决于：①等度（无梯度）分离，在整个分析过程中只使用一种溶剂（或混合溶剂）；②梯度洗脱分离，使用一种微处理机控制的梯度程序来改变流动相的组分，该程序可通过混合适量的两种不同物质来产生所需要的梯度。

由于 HPLC 的高速、灵敏和多用途等优点，它成为许多生物小分子分离所选择的方法，常用的是反相分配色谱法。大分子物质（尤其是蛋白质和核酸）的分离通常需要一种“生物适合性”的系统如 Pharmacia FPLC 系统。在这类色谱中用钛、玻璃或氟化塑料代替不锈钢组件，并且使用较低的压力以避免其生物活性的丧失。这类分离用离子交换色谱、凝胶渗透色谱或疏水色谱等方法来完成。

第四节　化合物纯度的判定

化合物纯度的鉴定方法，从快速、便宜、简便的要求出发，主要来自以下几点：

一、通过 TLC 的纯度的鉴定

（1）展开溶剂的选择，至少需要 3 种不同极性展开系统展开，首先要选择 3 种分子间作用力不同的溶剂系统，如氯仿/甲醇、环己烷/乙酸乙酯、正丁醇/乙酸/水，分别展开来确定组分是否为单一斑点。这样做的好处是很明显的，通过组分间的各种差别将组分分开，有可能几个相似组分在一种溶剂系统中是单一斑点，因为该溶剂系统与这几个组分的分子间力作用无显著的差别，不足以在 TLC 区分；而换了分子间作用力不同的另一溶剂系统，就有可能分开。

（2）对于一种溶剂系统至少需要 3 种不同极性展开系统展开，一种极性的展开系统将目标组分的 R_f 推至 0.5，另两种极性的展开系统将目标组分的 R_f 推至 0.8、0.2。其作用是检查有没有极性比目标组分更大或更小的杂质。

（3）光展开是不够的，还要用各种显色方法。一般一定要使用通用型显色剂，如 10%硫酸、碘，因为每种显色剂（不论是通用型显色剂，还是专属显色剂）在工作中都会遇到有一化合物不显色的时候，再根据组分可能含有混杂组分的情况，选用专属显色剂。只有在多个显色剂下均为单一斑点，这时才能下结论样品为薄层纯。

二、通过熔程判断纯度

纯净物，熔程很短；混合物熔点下降，熔程变长。

三、基于 HPLC 的纯度鉴定

对于 HPLC 因为常用的系统较少，加之其分离效果好，我们一般不要求选择 3 种分子间作用力不同的溶剂系统，只要求选择 3 种不同极性的溶剂系统，使目标峰在不同的保留时间出峰。

四、基于软电离质谱的纯度鉴定

如 ESI－MS、APCI－MS。大极性化合物选用 ESI－MS，极性很小的化合物选用 APCI－MS。这些软电离质谱的特点是只给出化合物的准分子离子峰，通过正负离子的相互沟通来确定相对分子质量。如果样品不纯，就会检出多对准分子离子峰，不但确定了纯度，还能明确混杂物的相对分子质量。

五、基于核磁共振的纯度鉴定

从氢谱中如果发现有很多积分不到1的小峰，就有可能是样品中的杂质。利用门控去偶的技术通过对碳谱的定量也能实现纯度鉴定。

对化合物纯度的要求：世界上不存在100%纯的化合物，纯度应该与实验的目的有关。例如，想测核磁共振鉴定结构，一般要求95%以上的纯度；如果想测ESI-MS，纯度越高越好，最好99%以上。

但是以上的方法都不能区分对映异构体。

第二章　药物合成实验

实验一　扁桃酸的制备

一、实验目的

1. 掌握扁桃酸的制备方法。
2. 了解相转移催化的基本原理。
3. 学习掌握重结晶的实验方法。

二、实验原理

扁桃酸（mandelic acid），又名苦杏仁酸、苯羟乙酸、α-羟基苯乙酸，是一种有着广泛用途的化学中间体，在有机合成和药物生产中有着广泛的用途。扁桃酸具有较强的抑菌作用，可用于治疗泌尿系统疾病，同时也是合成尿路杀菌剂扁桃酸乌洛托品、末梢血管扩张剂环扁桃酸酯、乌托品类解痉剂羟基苄唑等许多抗生素药物的重要中间体。

本实验主要采用相转移催化（phase transfer catalysis，PTC）法来合成扁桃酸。相转移催化在药物合成中的应用日趋广泛，它使一些难以进行的非均相反应顺利完成，是一种比较新的合成方法。此法收率较高、条件温和、操作简单，受到了人们的广泛重视。季铵盐氯化三乙基苄基胺（TEBA）是一种优良的 PTC 试剂，它不仅可作为实验室有机合成的良好的 PTC 试剂，而且已应用于工业生产中，取得了较好的效果。

扁桃酸合成反应式如下：

$$C_6H_5CH=O + CHCl_3 \xrightarrow[TEBA]{NaOH} \xrightarrow{H^+} C_6H_5\overset{*}{C}H(OH)CO_2H$$

反应机理一般认为是反应中产生的二氯卡宾与苯甲醛的羰基加成，再经重排及水解生成扁桃酸。

$$C_6H_5CH{=}O \xrightarrow{:CCl_2} C_6H_5-\underset{Cl\quad Cl}{\overset{H}{C}}-O \xrightarrow{重排} C_6H_5\underset{Cl}{C}HCOCl \xrightarrow{OH^-} \xrightarrow{H^+} C_6H_5\underset{OH}{C}HCO_2H$$

三、主要试剂和仪器

试剂：苯甲醛、TEBA、氯仿、氢氧化钠、硫酸、无水乙醚、无水乙醇、无水硫酸钠、甲苯。

仪器：三颈瓶、恒压滴液漏斗、冷凝管、温度计、分液漏斗。

四、实验步骤

在装有磁力搅拌器、冷凝管、滴液漏斗的 250 mL 三颈瓶中，加入 10.6 mL 苯甲醛、1.5 g TEBA、20 mL 氯仿。开动搅拌器，逐渐加热。当温度上升至 55～65 ℃，开始缓慢滴加 50%氢氧化钠溶液 25 mL。维持反应温度在 55～65 ℃。滴加完毕，继续搅拌 1 h，至反应液的 pH 约为 7，停止搅拌。反应混合物用 100 mL 水稀释，用乙醚萃取两次，每次 20 mL，除去未反应的氯仿等有机物。水层用 50% H_2SO_4酸化至 pH 为 1～2，用乙醚萃取两次，每次 20 mL，合并有机层萃取液，无水 Na_2SO_4干燥，蒸除乙醚，得粗产物。

粗产物用甲苯-无水乙醇（8∶1 体积比）进行重结晶，趁热过滤，母液在室温下放置，结晶慢慢析出。冷却后抽滤，并用少量石油醚洗涤促使其快干。产品为白色结晶，熔点（m. p.）118～119 ℃。

五、注意事项

1. 滴加氢氧化钠溶液时速度要慢，约 45 min。
2. 反应结束时，反应液应接近中性，否则适当延长时间。
3. 可以用甲苯重结晶（每克约需 1.5 mL）。
4. 产物在乙醚中溶解度大，应尽可能除尽乙醚。

六、思考题

1. 本实验中，酸化前后两次用乙醚萃取的目的何在？
2. 根据相转移反应原理，写出本反应中离子的转移和二氯卡宾的产生及反应过程。
3. 本实验反应过程中为什么必须要充分搅拌？

实验二　8-羟基喹啉的合成

一、实验目的

1. 通过实验学习有关杂环的性质和制备方法。
2. 通过实验掌握 Skraup 反应的原理、特点和应用。
3. 学习水蒸气蒸馏、重结晶等实验技术在具体实际中的应用。

二、实验原理

8-羟基喹啉为淡黄色或白色针状结晶，见光发黑，有苯酚气味，易溶于乙醇、氯仿、苯和丙酮，几乎不溶于水和醚。8-羟基喹啉是卤化喹啉类抗阿米巴药物的中间体，也是农药、染料的中间体，可作为防霉剂、工业防腐剂以及聚酯树脂、酚醛树脂和双氧水的稳定剂，还是化学分析的络合滴定指示剂。它作为性能优异的金属离子螯合剂，已广泛应用于冶金工业和分析化学中的金属元素化学分析、金属离子的萃取、光度分析和金属防腐等方面。

其制备方法主要有喹啉磺化碱融法、氯代喹啉的水解、氨基喹啉的水解、Skraup 合成法等。前三种方法存在产物分离较难等缺点，而 Skraup 合成法是利用邻氨基苯酚、浓硫酸、甘油和邻硝基苯酚共热得到，具有所用原料成本较低、无毒或毒性较小、产物易分离和产率较高等优点。

Skraup 反应是合成杂环化合物喹啉及其衍生物最重要的方法，它是用苯胺与无水甘油、浓硫酸及弱氧化剂硝基化合物等一起加热而得，为了避免反应过于剧烈，常加入 $FeSO_4$ 作为氧的载体。浓硫酸的作用使甘油脱水成丙烯醛，并使苯胺与丙烯醛的加成物脱水成环。硝基化合物将 1，2-二氢喹啉氧化成喹啉，本身被还原成芳胺，也可以参加缩合。反应中所用的硝基化合物要与芳胺的结构相对应，否则会导致产生混合物。8-羟基喹啉形成的过程如下：

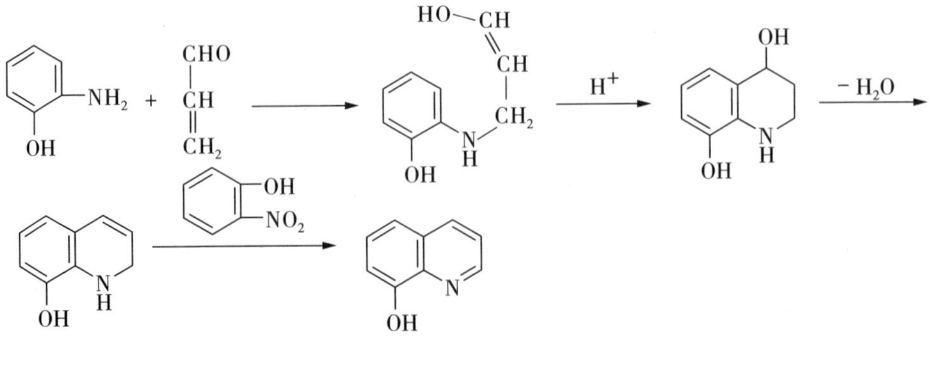

三、主要试剂和仪器

试剂：邻氨基苯酚、邻硝基苯酚、无水甘油、浓硫酸（98%）、无水乙醇。

仪器：合成装置、水蒸气发生装置、蒸馏装置。

四、实验步骤

在圆底烧瓶中称取 19 g 无水甘油，并加入 3.6 g 邻硝基苯酚、5.5 g 邻氨基苯酚，混匀，然后缓慢加入 9 mL 浓硫酸。装上冷凝回流装置，缓慢加热，当溶液微沸时，移去热源，待反应放热缓和后，继续加热，保持反应物微沸 2 h。

稍冷后，用水蒸气蒸馏除去未作用的邻硝基苯酚。瓶内液体冷却后，加入 12 g 氢氧化钠溶于 12 mL 水的溶液。再小心滴入饱和碳酸钠溶液，使呈中性。再进行水蒸气蒸馏，蒸出 8-羟基喹啉。馏出液充分冷却后，抽滤收集析出物，洗涤干燥后得粗产品。用乙醇∶水＝1∶1 进行重结晶，能得到漂亮的针状晶体。

五、注意事项

1. 所用甘油中含水量不能超过 0.5%，如果甘油中含水量较大，则喹啉的产量不好，因此本实验所采用的甘油最好是新制的。

2. 加料顺序与温度的控制在实验过程中很重要，否则会造成危险。试剂的加入必须按照指定的顺序加入，若浓硫酸先加入，则反应往往很剧烈，不易控制。此反应系放热反应，溶液呈微沸，表明反应已经开始，如继续加热，则反应过于激烈，会使溶液冲出容器。

3. 8-羟基喹啉既溶于酸又溶于碱而生成盐，成盐后不能被水蒸气带出，因此必须小心中和。严格控制在 pH＝7～8 之间，当中和恰当时，析出的 8-羟基喹啉沉淀最多。

4. 水蒸气蒸馏 8-羟基喹啉后，先把馏出液置于冷水中冷却析晶，然后立即趁热洗涤烧瓶，否则附着在烧瓶内壁的黑褐色固体很难洗掉。

六、思考题

1. 水蒸气蒸馏第一次蒸馏出的是什么？第二次蒸馏出的是什么？

2. 本实验中浓硫酸的作用是什么？

实验三　对硝基苯甲醛的制备

一、实验目的

1. 了解苯环侧链氧化反应的原理和方法。
2. 掌握苯环侧链氧化反应的操作步骤和注意事项。

二、实验原理

对硝基苯甲醛是重要的医药、染料和农药中间体，在医药工业上常用于合成氨苯硫脲、甲氧苄胺嘧啶和乙酰胺苯烟腙等。

对硝基苯甲醛为白色或淡黄色晶体，熔点 106～107 ℃，不溶于水，微溶于乙醚，易溶于乙醇、苯和冰醋酸，难与蒸汽一同挥发。

合成路线如下：

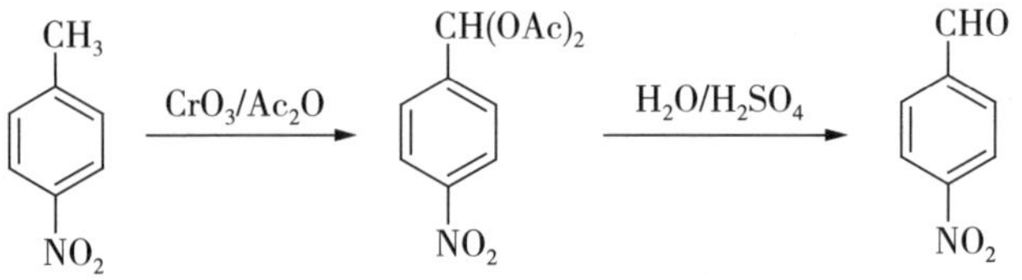

$$p\text{-}NO_2C_6H_4CH_3 \xrightarrow{CrO_3/Ac_2O} p\text{-}NO_2C_6H_4CH(OAc)_2 \xrightarrow{H_2O/H_2SO_4} p\text{-}NO_2C_6H_4CHO$$

三、主要试剂和仪器

试剂：对硝基甲苯、醋酸酐、铬酸酐、浓硫酸、碳酸钠。
仪器：三颈瓶、恒压滴液漏斗、冷凝管、温度计、分液漏斗、抽滤装置。

四、实验步骤

1. 铬醋酸酐溶液的制备

向 250 mL 的烧杯中加入 57 mL 醋酸酐，在玻璃棒的搅拌下分批加入 12.5 g 铬酸酐，搅拌均匀，待用。

2. 对硝基苯甲醛二醋酸酯的制备

在 250 mL 的三口瓶上配置磁力搅拌子、温度计、回流冷凝器及滴液漏斗，将醋酸酐 50 mL 及对硝基甲苯 6.3 g 加入反应瓶中，冰盐浴冷却下加入浓硫酸 10 mL，冷却到 0 ℃，在搅拌下滴加事先制好的铬醋酸酐溶液，维持反应温度在 10 ℃以下，加毕，于 5～10 ℃反应 2 h，将反应混合物倒入 250 g 碎冰中，搅拌均匀后再以冰水稀释至 750 mL，抽滤析出固体。将滤饼悬浮于 40 mL 2%的碳酸钠溶液中，充分搅拌后抽滤，依次用水、乙醇洗涤滤饼，抽干后得对硝基苯甲醛二醋酸酯粗品。

3. 对硝基苯甲醛的制备

将上述制得的对硝基苯甲醛二醋酸酯粗品置于 250 mL 的三颈瓶中，加入水 20 mL、乙醇 20 mL、浓硫酸 2 mL，加热回流 30 min，趁热抽滤，滤液在冰水中冷却后析出结晶，抽滤水洗，干燥后得产品，称重，计算收率。

五、注意事项

1. 铬醋酸酐溶液配制：将铬酸酐在搅拌下分批加入醋酸酐中，不能反加料，否则易爆炸。
2. 滤液用 50 mL 水稀释后还可以析出部分产品。

六、思考题

1. 用 2%（质量分数）碳酸钠溶液洗涤的目的是什么？
2. 该反应的副产品是什么？

实验四　香豆素-3-羧酸的合成

一、实验目的

1. 掌握 Knoevenagel 合成法的原理和芳香族羟基内酯的制备方法。
2. 掌握用薄层色谱法监测反应的进程，熟练掌握重结晶的操作技术。
3. 了解酯水解法制备羧酸。

二、实验原理

香豆素，又名香豆精、1，2-苯并吡喃酮，结构上为顺式邻羟基肉桂酸（苦马酸）的内酯，白色斜方晶体或结晶粉末，存在于许多天然植物中。它最早是在 1820 年从香豆的种子中发现的，也存在于薰衣草和桂皮的精油中。香豆素具有甜味且有香茅草的香气，是重要的香料，常用作定香剂，可用于配制香水、花露水等，也可用于一些橡胶制品和塑料制品，其衍生物还可用作农药、杀鼠剂、医药等。由于天然植物中香豆素含量很少，因而主要是通过合成得到的。

1868 年，Perkin 用邻羟基苯甲醛（水杨醛）与醋酸酐、醋酸钾一起加热制得该化合物，因此称为 Perkin 合成法。

水杨醛和醋酸酐首先在碱性条件下缩合，经酸化后生成邻羟基肉桂酸，接着在酸性条件下闭环成香豆素。Perkin 反应存在着反应时间长、反应温度高和产率偏低等缺点。

本实验采用改进的方法进行合成，用水杨酸和丙二酸酯在有机碱的催化下，可在较低的温度合成香豆素的衍生物。这种合成方法称为 Knoevenagel 合成法，是对 Perkin 反应的一种改进，即让水杨醛与丙二酸酯在六氢吡啶的催化下缩合成香豆素-3-甲酸乙酯，后者加碱水解，此时酯基和内酯均被水解，然后经酸化再次闭环形成内酯，即为香豆素-3-羧酸。

合成路线如下：

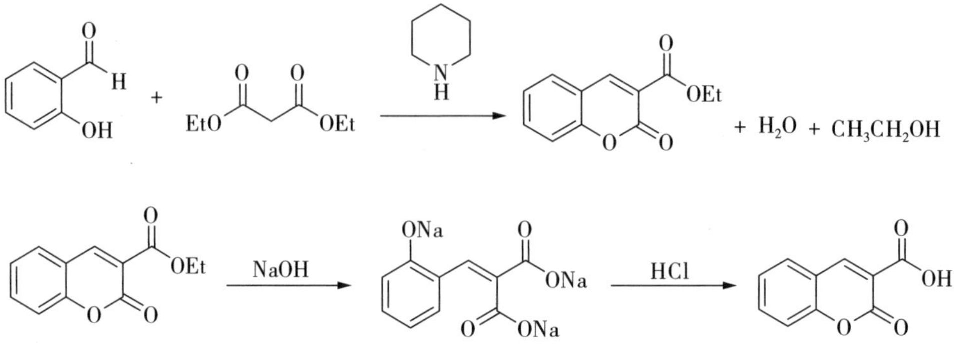

O H OH + EtO O O OEt N H O OEt O O + H_2O + CH_3CH_2OH

O OEt O O NaOH ONa O ONa O ONa HCl O OH O O

附：重结晶

（1）基本原理

固体有机物在溶剂中的溶解度与温度有密切关系。一般是温度升高，溶解度增大。利用溶剂对被提纯物质及杂质的溶解度不同，可以使被提纯物质从过饱和溶液中析出，而让杂质全部或大部分仍留在溶液中，或者相反，从而达到分离提纯之目的。

（2）操作步骤

①选择适宜溶剂，制成热的饱和溶液；②热过滤，除去不溶性杂质（包括脱色）；③冷却结晶、抽滤，除去母液；④洗涤干燥，除去附着母液和溶剂。

三、主要试剂和仪器

试剂：水杨醛、丙二酸二乙酯、无水乙醇、六氢吡啶、冰醋酸、95%乙醇、氢氧化钠、浓盐酸、无水氯化钙。

仪器：圆底烧瓶、恒压滴液漏斗、布氏漏斗（$\phi 8$）、抽滤瓶、三口烧瓶、球形冷凝管、干燥管、温度计（0～300 ℃）、烧杯、量筒、旋转蒸发仪、电热干燥箱。

四、实验步骤

1. 香豆素-3-甲酸乙酯

（1）在干燥的 50 mL 圆底烧瓶中依次加入 1.7 mL 水杨醛、2.8 mL 丙二酸二乙酯、10 mL 无水乙醇、0.2 mL 六氢吡啶、一滴冰醋酸和几粒沸石。

（2）装上配有无水氯化钙干燥管的球形冷凝管后，在水浴上加热回流 2 h。

（3）待反应液稍冷后转移到锥形瓶中，加入 12 mL 水，置于冰水浴中冷却，有结晶析出。

（4）待晶体析出完全后，抽滤，并每次用 2～3 mL 冰水浴冷却过的 50%乙醇洗涤晶体 2～3 次，得到的白色晶体为香豆素-3-甲酸乙酯的粗产物，干燥后产量约 2.5～3.0 g，熔点为 91～92 ℃，可用 25%的乙醇水溶液重结晶。纯香豆素-3-甲酸乙酯熔点为 93 ℃。

2. 香豆素-3-羧酸

（1）在 50 mL 圆底烧瓶中加入上述自制的 2 g 香豆素-3-甲酸乙酯，1.5 g NaOH，10 mL 95%乙醇和 5 mL 水，加入几粒沸石。

（2）装上冷凝管，水浴加热使酯溶解，然后继续加热回流 15 min。

（3）停止加热，将反应瓶置于温水浴中，用滴管吸取温热的反应液滴入盛有 5 mL 浓盐酸和 25 mL 水的锥形瓶中。边滴边摇动锥形瓶，可观察到有白色结晶析出。

（4）滴完后，用冰水浴冷却锥形瓶使结晶完全。抽滤晶体，用少量冰水洗涤、压紧、抽干。干燥后得产物约 1.5 g，熔点 188.5 ℃。粗品可用水重结晶。纯香豆素-3-羧酸熔点为 190 ℃（分解）。

五、注意事项

1. 缩合反应的反应时间比较重要，时间过短，反应不完全，但时间过长，反应副产物增多，也影响酯的收率，且增加了后处理的难度。

2. 反应温度控制在 88 ℃附近，乙醇的沸点为 78 ℃，超过 88 ℃会大大增加无水乙醇的挥发程度，增加副反应的发生。

3. 加入醋酸的目的：仅用六氢吡啶不足以使反应发生，无法得到目标产物，当反应体系中加入一滴冰醋酸，反应即可在较低温度下进行，且缩短反应时间至 2 h。

4. 用冰过的 50%乙醇洗涤可以减少酯在乙醇中的溶解。

5. 随着催化剂六氢吡啶用量的增加，产率提高。主要是碱性增强，碳负离子数目增多，产率增大。但用量过多时，其会与生成的香豆素-3-甲酸乙酯进一步生成酰胺，使产率降低。

6. 用滴加的方式将溶于乙醇的丙二酸二乙酯加入圆底烧瓶，无水乙醇介质使原料互溶性更好，每次加入数滴，使其完全包裹在水杨醛与六氢吡啶的溶液内，充分接触，反应更充分。

六、思考题

1. 试写出本反应的反应机理，并指出反应中加入醋酸的目的是什么。
2. 试设计从香豆素-3-羧酸制备香豆素的反应过程和实验方法。

实验五　肉桂酸的制备

一、实验目的

1. 掌握肉桂酸的制备原理和方法。
2. 掌握水蒸气蒸馏的装置及操作方法。

二、实验原理

芳香醛与具有 α-H 原子的脂肪酸酐在相应的无水脂肪酸钾盐或钠盐的催化下共热发生缩合反应，生成芳基取代的 α，β-不饱和酸，此反应称为 Perkin 反应。

肉桂酸，又名 β-苯丙烯酸、3-苯基-2-丙烯酸，是从肉桂皮或安息香中分离出的有机酸。肉桂酸是生产冠心病药物“心可安”的重要中间体，其酯类衍生物是配制香精和食品香料的重要原料。它是一种重要的精细化工合成中间体，被广泛应用于医药、香料、塑料、感光树脂、食品添加剂等精细化学品的制备。肉桂酸的合成方法较多，主要有 Perkin 法、苯乙烯-四氯化碳法、苯甲醛-丙二酸法、苯甲醛-乙烯酮法、肉桂醛氧化法、氯代芳烃-丙烯酸及其衍生物法等。本实验制备肉桂酸采用 Perkin 反应。该工艺反应时间较长，产率大约为 55%～66%。反应式如下：

$$C_6H_5CHO + (CH_3CO)_2O \xrightarrow[150\sim170^\circ C]{K_2CO_3} C_6H_5CH{=}CHCOOH + CH_3COOH$$

Perkin 反应的催化剂通常是相应酸酐的羧酸钾或钠盐，有时也可用碳酸钾或叔胺代替。反应时，可能是酸酐受碳酸钾的作用，生成一个酸酐的负离子，负离子和醛发生亲核加成，生成中间物β-羟基酸酐，然后再发生失水和水解作用而得到不饱和酸。反应机理如下：

$$H_3C-CO-O-CO-CH_3 \xrightarrow{K_2CO_3} H_3C-CO-O-CO-\overset{-}{C}H_2 \xrightarrow{C_6H_5CHO} H_3C-CO-O-CO-CH_2-CH(O^-)-C_6H_5$$

$$\longrightarrow H_3C-CO-O-CO-CH_2-CH(OH)-C_6H_5 \xrightarrow{-H_2O} H_3C-CO-O-CO-CH=CH-C_6H_5$$

$$\xrightarrow{\text{水解}} C_6H_5-CH=CH-COOH + CH_3COOH$$

三、主要试剂及仪器

试剂：苯甲醛、乙酸酐、无水碳酸钾、饱和碳酸钠溶液、浓盐酸、活性炭。

仪器：100 mL 三口烧瓶、空气冷凝管、水蒸气蒸馏装置、锥形瓶、量筒、烧杯、布氏漏斗、抽滤瓶、表面皿、红外干燥箱。

四、实验步骤

在 100 mL 三颈烧瓶中加入 2.2 g（0.03 mol）无水碳酸钾，1.5 mL 苯甲醛（1.6 g，0.015 mol）和 4 mL 醋酸酐（4.4 g，0.044 mol），其一装上温度计，另一个用塞子塞上。反应液始终保持在 150～170 ℃，加热回流 45 min。

反应混合物稍冷后，加入 25 mL 冷水，加碳酸钠固体，调至 pH 在 8～9 之间，接着进行水蒸气蒸馏，直至无油状物蒸出为止。待烧瓶冷却后，加入 15 mL 水溶解，加 0.5 g 活性炭脱色，煮沸 5 min，趁热过滤。待滤液冷至室温后，在搅拌下慢慢滴加浓盐酸至刚果红试纸变蓝（pH＝3～4）。冷却结晶，抽滤析出的晶体，并用少量冷水洗涤，干燥后称重。可用 3∶1 的稀乙醇重结晶。纯净的肉桂酸为白色晶体，可以通过测熔点、做红外光谱图来表征其结构，熔点为 132～134 ℃。

1.5 mL 苯甲醛、4 mL 乙酸酐、2.2 g 碳酸钾 $\xrightarrow[150\sim170\ ℃]{\text{加热回流45 min}}$ $\xrightarrow[25\text{ mL水}]{\text{稍冷}}$ $\xrightarrow[pH\ 8\sim9]{\text{固体碳酸钠}}$ $\xrightarrow{\text{简易水蒸气蒸馏}}$ 终点判断（馏出液无油花）

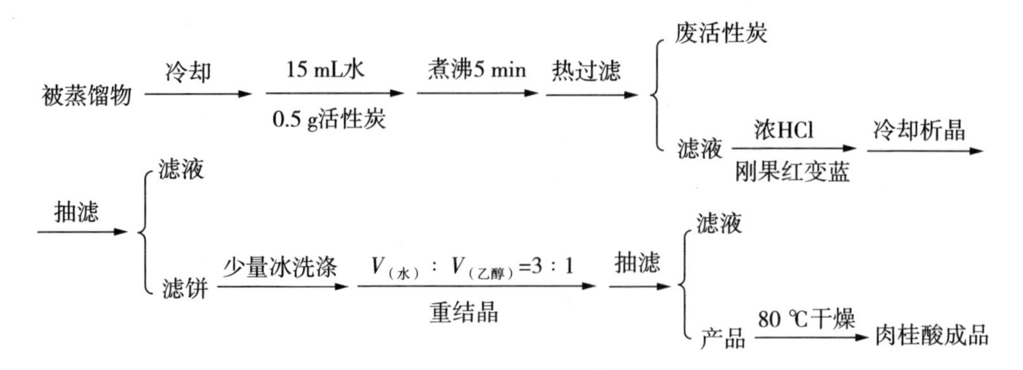

五、实验注意事项

1. 久置的苯甲醛含苯甲酸，故需蒸馏提纯。苯甲酸含量较多时可用下法除去：先用10%碳酸钠溶液洗至无CO_2放出，然后用水洗涤，再用无水硫酸镁干燥，干燥时加入1%对苯二酚以防氧化，减压蒸馏，收集79 ℃/25 mmHg或69 ℃/15 mmHg，或62 ℃/10 mmHg的馏分，沸程2 ℃，贮存时可加入0.5%的对苯二酚。

2. 无水碳酸钾必须无水，反应之前做烘干处理。

3. 加热回流反应系统必须无水，玻璃仪器预先烘干。

4. 冷凝管的上方要加干燥管，防止空气中的水汽进入反应体系。

5. 反应过程中体系的颜色会逐渐加深，有时会有棕红色树脂状物质出现。

六、思考题

1. 在肉桂酸的制备实验中，水蒸气蒸馏除去什么?

2. 加入10%氢氧化钠溶液的目的是什么?

3. 制备肉桂酸时，往往出现焦油，它是怎样产生的？又是如何除去的?

实验六　三苯甲醇的制备

一、实验目的

1. 掌握格氏试剂制备三苯甲醇的原理方法。

2. 掌握Grignard试剂的制备及进行Grignard反应的操作。

3. 进一步练习搅拌、回流、重结晶、薄层层析（TLC）、萃取等基本实验技能。

二、实验原理

格氏试剂是有机合成中应用最广泛的金属有机试剂，其化学性质十分活泼，可以与醛、酮、酯、酸酐、酰卤、腈等多种化合物发生亲核加成反应，常用于制备醇、醛、酮、羧酸及各种烃类。三苯甲醇是一种带有相同基团的三级醇，可以通过苯基溴化镁格氏试剂和二苯甲酮或苯甲酸乙酯反应制备得到。本实验采用二苯甲酮和苯基溴化镁的反应制备。

$$PhBr + Mg \xrightarrow[\text{无水乙醚}]{I_2} PhMgBr$$

$$Ph_2C{=}O + PhMgBr \xrightarrow{\text{无水乙醚}} Ph_3C\text{-}OMgBr \xrightarrow{NH_4Cl} Ph_3C\text{-}OH$$

三、主要试剂及仪器

试剂：镁条、无水乙醚、溴苯、碘、乙醇、石油醚等。

仪器：100 mL 三颈圆底烧瓶、恒压漏斗、回流冷凝管、干燥管、蒸馏头、直型冷凝管、尾接管、锥形瓶、温度计、分液漏斗、抽滤装置、磁力搅拌器、搅拌子、量筒。

四、实验步骤

如图 2－1 所示，在 100 mL 三颈瓶上分别装置回流冷凝管和恒压滴液漏斗，在冷凝管的上口装置氯化钙干燥管。在反应瓶中加入 0.53 g（0.022 mol）镁条，恒压漏斗中分别加入 3.2 g（2.1 mL，0.02 mol）溴苯和 15 mL 无水乙醚。从恒压漏斗滴入少许混合液于反应瓶中（浸没镁条），然后加入一小粒碘引发反应。开动搅拌器，继续滴加其余的混合液，控制滴加速度，维持反应呈微沸状态（如反应不引发，可加热反应 40～50 ℃）。如果发现反应液呈黏稠状，则补加适量的无水乙醚、滴加完毕，温水浴回流至镁条反应完全。

把反应瓶置于冰水浴中，搅拌下从恒压漏斗中慢慢滴加 3.1 g（0.017 mol）二苯甲酮和 15 mL 无水乙醚的混合液。滴加完毕，回流下搅拌 30 min，使反应完全。反应瓶置于冰水浴中，搅拌下从恒压漏斗中慢慢滴加 20 mL 饱和氯化铵溶液，以分解加成产物而生成三苯甲醇。

在通风橱中，用分液漏斗分出乙醚层，水相用乙醚萃取（2×15 mL），合并有机相，无水硫酸钠干燥，薄层层析（TLC）检查反应效果。按图 2-2 搭好装置，把有机相转移到蒸馏瓶中，温水浴蒸馏，待瓶中有大量白色固体析出（乙醚未蒸干），加入 15 mL 石油醚，浸泡片刻，抽滤除去未反应的溴苯及联苯等副产物，得粗产品。

重结晶：热水浴条件下，用 20 mL 石油醚-95%乙醇（2∶1）对粗产品重结晶，再滴加 95%乙醇至粗产品完全溶解，室温下自然冷却，有大量白色块状晶体析出。抽滤，石油醚洗涤，干燥，得纯品，产量约 2.5 g（产率约 56%），熔点：164.2 ℃。

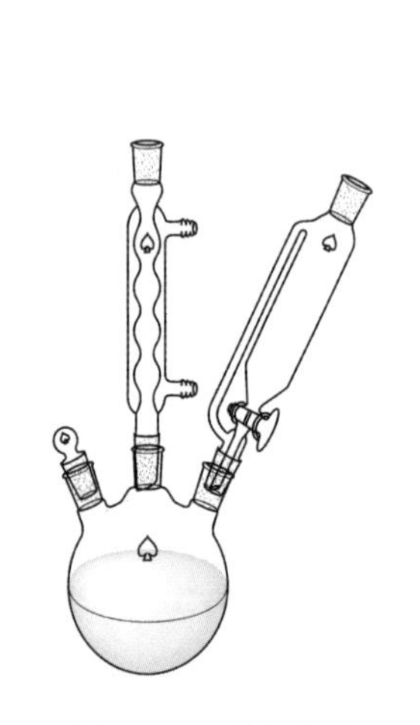

图 2-1　反应装置

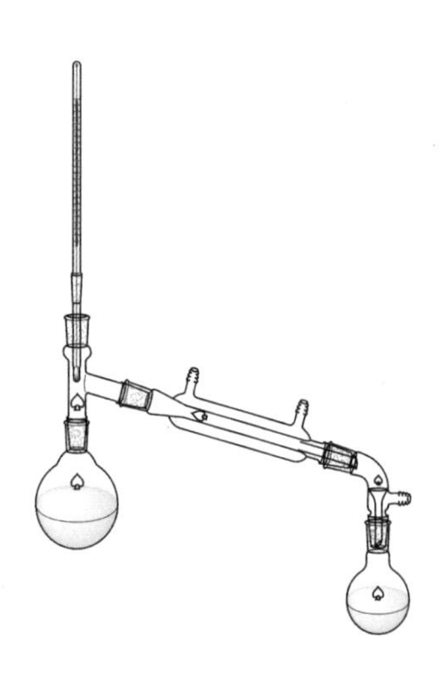

图 2-2　蒸馏装置

五、注意事项

1. 反应所用溶剂是乙醚，易燃、易爆、易挥发，所以整个实验过程严禁使用明火。

2. 反应过程中，乙醚会挥发较多，需要补充一定的乙醚。

3. 二苯甲酮和苯基溴化镁反应时，反应液会出现淡红色，并且有可能整个反应液固化，这都是正常现象。

4. 镁条必须用砂纸充分擦拭，去掉表面的氧化物至光亮，并且用剪刀剪成 2～3 mm 长，在整个过程中不能直接用手接触镁条，避免再引起氧化。

5. 引发反应时，所用的碘量不能太大，以 1/3 粒米大小为宜，否则，碘颜色无法消失，得到产品为棕红色，也易产生副反应。在碘引发反应过程中，不要开动搅拌器，确保局部碘浓度较大，保证反应能较快引发。

6. 制备 Grignard 试剂时，滴加速度不能太快，否则反应过于剧烈不易控制，增加副产物的生成。所制备的 Grignard 试剂是呈混浊有色溶液，若为澄清可能瓶中进水没制好 Grignard 试剂。

7. 滴加二苯甲酮乙醚溶液后，应注意反应液颜色的变化：由原色—玫瑰红—白色固体。此步是关键，若无玫瑰红色出现，此实验很可能已失败，需重做。

8. 实验前一天，烘干仪器。烘干仪器包括：100 mL 三颈圆底烧瓶，恒压滴液漏斗（活塞取下，塑料不烘），空心塞，量筒（10 mL、25 mL），锥形瓶，干燥管，接头放于 500 mL 烧杯中，以及球形冷凝管。

六、思考题

1. 本实验的成败关键何在？为什么？为此采取什么措施？
2. 本实验中溴苯滴加太快或者一次加入，有何影响？
3. 试述碘在本反应中的作用。
4. 在制备三苯甲醇时，加入饱和氯化铵的目的是什么？

实验七　L-抗坏血酸钙的制备

一、实验目的

1. 了解 L-抗坏血酸钙的基本化学性质和制备方法。
2. 掌握沉淀结晶法。

二、实验原理

L-抗坏血酸钙为白色至浅黄色结晶性粉末，无臭，溶于水，稍溶于乙醇，不溶于乙醚。10%水溶液的 pH 值为 6.8～7.4。

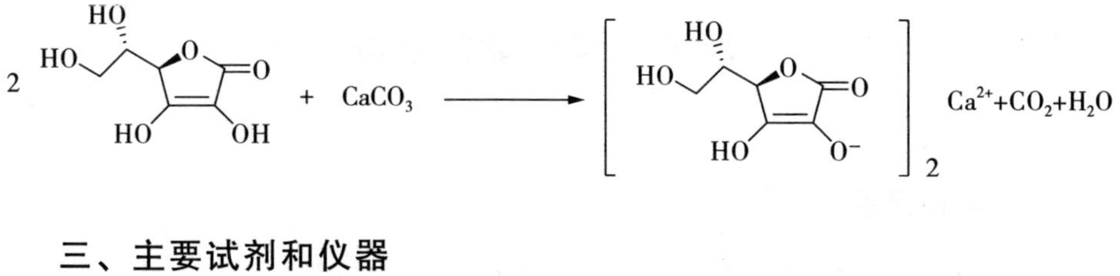

$$2\ (\text{L-抗坏血酸}) + CaCO_3 \longrightarrow [\ (\text{L-抗坏血酸根}, O^-)\ ]_2\ Ca^{2+} + CO_2 + H_2O$$

三、主要试剂和仪器

试剂：L-抗坏血酸、碳酸钙、无水乙醇、水。

仪器：烧杯、布氏漏斗、抽滤瓶、电热套、玻璃棒。

四、实验步骤

1. 制备

在烧杯中加入 5.4 g（0.03 mol）L-抗坏血酸、10 mL 水，加热（50 ℃）溶解，剧烈搅拌下缓慢加入 1.5 g（0.015 mol）碳酸钙粉末，待无气泡逸出时停止搅拌。反应物在室温下难于自行结晶，用无水乙醇沉淀，搅拌静置，抽滤，真空干燥得产品。（反应过程中，反应物及产物聚集状态的变化可描述为：开始为固相物质，经稀糊状物质，最后又转变为固相物质。）

2. 精制

在制备的 L-抗坏血酸钙中加入适量的水使其溶解，再加入适量的无水乙醇使 L-抗坏血酸钙析出。抽滤，得到精制的 L-抗坏血酸钙。计算产率。

五、注意事项

1. L-抗坏血酸是烯醇式结构，易于氧化变质，使用效果不太理想。而它的钙盐则克服了这个缺点，它不仅比 L-抗坏血酸稳定，而且吸收效果好，在体内具有 L-抗坏血酸的全部作用，其抗氧化作用优于 L-抗坏血酸，且由于 Ca 的引入，也增强了它的营养。因此制备 L-抗坏血酸钙是具有非常重要的意义的。

2. L-抗坏血酸易溶于水，因此加水加热可使其溶解，可与碳酸钙反应放出二氧化碳。

3. 本实验通过改变溶剂极性来改变成分的溶解度，与重结晶法不同。

六、思考题

1. L-抗坏血酸钙用乙醇进行重结晶的原理是什么？

2. L-抗坏血酸钙的主要用途有哪些？

实验八　贝诺酯的合成

一、实验目的

1. 通过本实验了解拼合原理在化学结构修饰方面的应用。

2. 通过实验掌握 Schotten-Baumann 酯化反应原理。

3. 通过乙酰水杨酰氯的制备，了解氯化试剂的选择及操作中的注意事项。

二、实验原理

贝诺酯，又名苯乐来、扑炎痛，为一种非甾体类抗炎药，是由阿司匹林和扑热息痛经拼合原理制成，它既保留了原药的解热镇痛作用，又减小了原药的毒副作用，并有协同作用。适用于治疗急慢性风湿性关节炎、风湿痛、感冒发烧、头痛及神经痛等。贝诺酯的化学名为 4－乙酰氨基苯基乙酰水杨酸酯，化学结构式为：

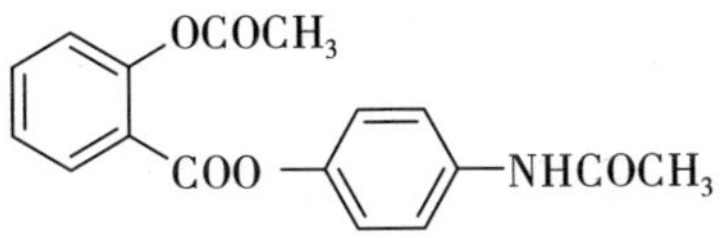

$OCOCH_3$, COO, $NHCOCH_3$

本品为白色结晶性粉末，无臭无味，m. p. 174～178 ℃，不溶于水，微溶于乙醇，溶于氯仿、丙酮。

拼合原理主要是指将两种药物的结构拼合在一个分子内，或将两者的药效基团兼容在一个分子内，称之为杂交分子。新形成的杂交分子或兼容两者的性质，强化药理作用，减小各自的毒副作用；或两者取长补短，发挥各自的药理活性，协同地完成治疗过程。

本实验由阿司匹林的羧基和对乙酰氨基酚的酚羟基先分别制成酰氯和酚钠，再缩合成酯。实验路线如下：

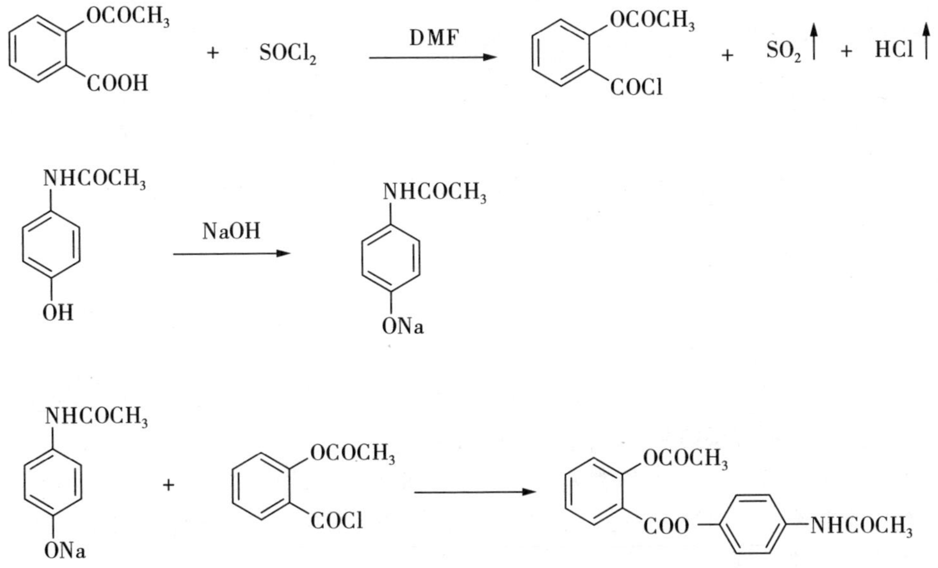

$$(OCOCH_3, COOH) + SOCl_2 \xrightarrow{DMF} (OCOCH_3, COCl) + SO_2\uparrow + HCl\uparrow$$

$$(NHCOCH_3, OH) \xrightarrow{NaOH} (NHCOCH_3, ONa)$$

$$(NHCOCH_3, ONa) + (OCOCH_3, COCl) \longrightarrow (OCOCH_3, COO, NHCOCH_3)$$

三、主要试剂和仪器

试剂：阿司匹林、氯化亚砜、DMF（N，N-二甲基甲酰胺）、扑热息痛、5%氢氧化钠溶液。

仪器：三颈瓶、蒸馏瓶、温度计、毛细管、球形冷凝管、圆底烧瓶、烧杯、玻璃棒、抽滤瓶、布氏漏斗、加热套。

四、实验步骤

1. 乙酰水杨酰氯的制备

在100 mL装有回流冷凝管，温度计的三口瓶中加入阿司匹林（4.5 g，0.025 moL），在0～5 ℃滴加干燥的二氯亚砜（2.5 mL，0.025 moL）和1滴DMF，控制在15 min滴完，缓慢加热到70 ℃，反应大约1 h，然后减压蒸去过量的二氯亚砜，得淡黄色的乙酰水杨酰氯。

2. 贝诺酯的制备

在装有搅拌器的250 mL三口瓶中加入扑热息痛4.3 g，加水50 mL，在0～5 ℃搅拌下缓缓加入5% NaOH水溶液25 mL，使扑热息痛全部溶解。滴加上步制得的乙酰水杨酰氯，维持pH值为9～10，20～25 ℃搅拌反应1 h。反应完毕，抽滤，冷水洗至中性，得白色贝诺酯粗品。粗品以95%乙醇重结晶，干燥，得白色晶体。

五、注意事项

1. 氯化亚砜能灼伤皮肤，对黏膜有刺激，故操作时须穿戴好防护用品，若溅到皮肤上，立即用大量清水冲洗。

2. 酰氯化反应所用仪器必须干燥，否则氯化亚砜和乙酰水杨酰氯均易水解。

六、思考题

1. 在制备对乙酰氨基酚钠时，一些同学将NaOH加入后，溶液颜色变成了透明的灰绿色，这是由什么原因造成的？

2. 扑炎痛的制备，为什么采用先制备对乙酰氨基酚钠，再与乙酰水杨酰氯进行酯化，而不直接酯化？

3. 在将酰氯加入对乙酰氨基酚钠时，一般要求缓慢滴加，约20 min滴毕，但有时酰氯液体中出现了白色不溶物，堵住了分液漏斗。这种物质是什么？怎样解决这个问题？

4. 本实验酯化反应为何需pH 10以上？试估计氢氧化钠约需多少量？

实验九　对乙酰氨基酚的制备

一、实验目的

1. 了解对氨基酚的选择性乙酰化的方法。
2. 掌握酰化反应的原理及基本实验操作。
3. 掌握易被氧化产品的重结晶精制方法。

二、实验原理

对乙酰氨基酚为解热镇痛药，国际非专有药名为 Paracetamol。它是最常用的非甾体解热镇痛药，解热作用与阿司匹林相似，镇痛作用较弱，无抗炎抗风湿作用，是乙酰苯胺类药物中最好的品种，特别适合于不能应用羧酸类药物的病人。用于缓解轻中度疼痛，如头痛、肌肉痛、关节痛以及神经痛、痛经、癌性痛和手术后止痛等，尤其用于对阿司匹林过敏或不能耐受的患者。对各种剧痛及内脏平滑肌绞痛无效。

对乙酰氨基酚，化学名为 N-（4-羟基苯基）乙酰胺，分子式 $C_8H_9NO_2$，分子量 151.170，熔点 168～172 ℃，通常为白色结晶性粉末，无臭，味微苦，能溶于乙醇、丙酮和热水，微溶于水，不溶于石油醚及苯，通常由对氨基酚酰化制得。

用计算量的醋酐与对氨基酚在水中反应，可迅速完成 N-乙酰化而保留酚羟基。

$$HO-C_6H_4-NH_2 \xrightarrow{(CH_3CO)_2O} HO-C_6H_4-NHCOCH_3$$

三、主要试剂和仪器

试剂：对氨基苯酚、亚硫酸氢钠、醋酐、蒸馏水、活性炭。

仪器：圆底烧瓶、温度计、玻璃棒 1 根、吸滤瓶、布氏漏斗、量筒、表面皿、烧杯、水浴加热装置 1 套。

四、实验步骤

1. 对乙酰氨基酚的制备

在 100 mL 圆底烧瓶中加入对氨基苯酚 10.6 g，水 30 mL，醋酐 12 mL，轻轻振摇成均相，再于 80 ℃水浴中加热 30 min，放冷，析晶，过滤，滤饼以 10 mL 冷水洗 2 次，抽干，干燥，得对乙酰氨基酚粗品（约 12 g）。

2. 精制

于 100 mL 圆底烧瓶中加入对乙酰氨基酚粗品，每克用水 5 mL，加热溶解，稍冷后加入活性炭 1 g，煮沸 5 min，在吸滤瓶中先加入亚硫酸氢钠 0.5 g，趁热过滤，滤液放冷析晶，过滤，滤饼以 0.5%亚硫酸氢钠溶液 5 mL 分 2 次洗涤，抽干，干燥，得白色的对乙酰氨基酚纯品（约 8 g，m. p. 168～170 ℃）。

五、注意事项

1. 用作原料的对氨基酚应为白色或淡黄色颗粒状结晶。

2. 酰化反应中加水 30 mL，有水存在，醋酐可选择性地酰化氨基而不与羟基反应，若以醋酸代替，则难以控制，反应时间长且产品质量差。

3. 对氨基酚是对乙酰氨基酚合成中乙酰化反应不完全而引入的，也可能是因贮存不当使产品部分水解而产生的，是对乙酰氨基酚中的特殊杂质。

六、思考题

1. 本实验的酰化试剂是否可以用醋酸？有什么区别？反应中有什么副反应发生？

2. 亚硫酸氢钠的作用是什么？

实验十　盐酸普鲁卡因的合成

一、实验目的

1. 学习酯化、还原等反应，掌握药物的精制、鉴别、结构鉴定等方法与技能。

2. 掌握利用水和二甲苯共沸脱水的原理，进行羧酸的酯化操作。

3. 掌握使用铁粉还原硝基制备氨基的反应原理及操作，以及用硫化钠除铁、用盐酸除去硫的原理及操作。

4. 掌握水溶性大的盐类用盐析法进行分离及精制的方法。

二、实验原理

盐酸普鲁卡因为局部麻醉药，作用强，毒性低，临床上主要用于浸润、脊椎及传导麻醉。盐酸普鲁卡因为白色细微针状结晶或结晶性粉末，无臭，味微苦而麻；熔点 153～157 ℃；易溶于水，溶于乙醇，微溶于三氯甲烷，几乎不溶于乙醚。

合成路线如下：

$$O_2N-C_6H_4-COOH \xrightarrow[\text{二甲苯}]{HOCH_2CH_2N(C_2H_5)_2} O_2N-C_6H_4-COOCH_2CH_2N(C_2H_5)_2$$

$$\xrightarrow{Fe, HCl} H_2N-C_6H_4-COOCH_2CH_2N(C_2H_5)_2 \cdot HCl \xrightarrow{20\%\ NaOH}$$

$$H_2N-C_6H_4-COOCH_2CH_2N(C_2H_5)_2 \xrightarrow{\text{浓盐酸}} H_2N-C_6H_4-COOCH_2CH_2N(C_2H_5)_2 \cdot HCl$$

三、主要试剂和仪器

试剂：对硝基苯甲酸、β-二乙胺基乙醇、二甲苯、止爆剂、浓盐酸、氢氧化钠、铁粉、硫化钠、氯化钠、保险粉、活性炭。

仪器：温度计、分水器、恒温水浴锅、球形冷凝管、直形冷凝管、搅拌子、三颈瓶、抽滤瓶、布氏漏斗、加热套、量筒、烧杯、玻璃棒、锥形瓶。

四、实验步骤

1. 对硝基苯甲酸-β-二乙胺基乙酯（俗称硝基卡因）的制备

在装有温度计、分水器及回流冷凝器的 500 mL 三颈瓶中，投入对硝基苯甲酸 20 g、β-二乙胺基乙醇 14.7 g、二甲苯 150 mL 及止爆剂，油浴加热至回流（注意控制温度，油浴温度约为 180 ℃，内温约为 145 ℃），共沸带水 6 h。撤去油浴，稍冷，将反应液倒入 250 mL 锥形瓶中，放置冷却，析出固体。将上清液用倾泻法转移至减压蒸馏烧瓶中，水泵减压蒸除二甲苯，残留物以 3%盐酸 140 mL 溶解，并与锥形瓶中的固体合并，过滤，除去未反应的对硝基苯甲酸，滤液（含硝基卡因）备用。

2. 对氨基苯甲酸-β-二乙胺基乙醇酯的制备

将上步得到的滤液转移至装有搅拌器、温度计的 500 mL 三颈瓶中，搅拌下用20%氢氧化钠调pH 4.0～4.2。充分搅拌下，于25 ℃分次加入经活化的铁粉，反应温度自动上升，注意控制温度不超过70 ℃（必要时可冷却），待铁粉加毕，于40～45 ℃保温反应2 h。抽滤，滤渣以少量水洗涤两次，滤液以稀盐酸酸化至pH 5。滴加饱和硫化钠溶液调pH 7.8～8.0，沉淀反应液中的铁盐，抽滤，滤渣以少量水洗涤两次，滤液用稀盐酸酸化至pH 6。加少量活性炭，于50～60 ℃保温反应10 min，抽滤，滤渣用少量水洗涤一次，将滤液冷却至10 ℃以下，用20%氢氧化钠碱化至普鲁卡因全部析出（pH 9.5～10.5），过滤，得普鲁卡因，备用。

3. 盐酸普鲁卡因的制备

（1）成盐

将普鲁卡因置于烧杯中，慢慢滴加浓盐酸至pH 5.5，加热至60 ℃，加精制食盐至饱和，升温至60 ℃，加入适量保险粉，再加热至65～70 ℃，趁热过滤，滤液冷却结晶，待冷至10 ℃以下，过滤，即得盐酸普鲁卡因粗品。

（2）精制

将粗品置烧杯中，滴加蒸馏水至维持在70 ℃时恰好溶解。加入适量的保险粉，于70 ℃保温反应10 min，趁热过滤，滤液自然冷却，当有结晶析出时，外用冰浴冷却，使结晶析出完全。过滤，滤饼用少量冷乙醇洗涤两次，干燥，得盐酸普鲁卡因，m.p.153～157 ℃，以对硝基苯甲酸计算总收率。

4. 盐酸普鲁卡因鉴别

（1）取盐酸普鲁卡因约0.1 g，加水2 mL溶解后，加10%氢氧化钠溶液1 mL，即生成白色沉淀；加热，变为油状物；继续加热，发生的蒸气能使湿润的红色石蕊试纸变为蓝色；热至油状物消失后，放冷，加盐酸酸化，即析出白色沉淀。

（2）取盐酸普鲁卡因约0.05 g，加稀盐酸1 mL，使溶解，加0.1 mol/L亚硝酸钠溶液数滴，滴加碱性β-萘酚试液数滴，生成猩红色。

（3）红外光吸收光谱应与对照的图谱（药品红外光谱集397图）一致。

5. 盐酸普鲁卡因检查

（1）取盐酸普鲁卡因约0.4 g，加水10 mL溶解后，加甲基红指示液1滴，如显红色，加氢氧化钠滴定液（0.02 mol/L）0.20 mL，应变为橙色。

（2）取本品2.0 g，加水10 mL溶解后，溶液应澄清。

五、注意事项

1. 羧酸和醇之间进行的酯化反应是一个可逆反应。反应达到平衡时，生成酯的量比较少（约 65.2%）。为使平衡向右移动，需向反应体系中不断加入反应原料或不断除去生成物。本反应利用二甲苯和水形成共沸混合物的原理，将生成的水不断除去，从而打破平衡，使酯化反应趋于完全。由于水的存在对反应产生不利的影响，故实验中使用的药品和仪器应事先干燥。

2. 考虑到教学实验的需要和可能，将分水反应时间定 6 h，若延长反应时间，收率尚可提高。

3. 也可不经放冷，直接蒸去二甲苯，但蒸馏至后期，固体增多，毛细管堵塞，操作不方便。回收的二甲苯可以套用。

4. 对硝基苯甲酸应除尽，否则影响产品质量，回收的对硝基苯甲酸经处理后可以套用。

5. 铁粉活化的目的是除去其表面的铁锈，方法是：取铁粉 47 g，加水100 mL、浓盐酸 0.7 mL，加热至微沸，用水倾泻法洗至近中性，置水中保存待用。

6. 该反应为放热反应，铁粉应分次加入，以免反应过于激烈，加入铁粉后温度自然上升。铁粉加毕，待其温度降至 45 ℃进行保温反应。在反应过程中铁粉参加反应后，生成绿色沉淀 $Fe(OH)_2$，接着变成棕色 $Fe(OH)_3$，然后转变成棕黑色的 Fe_3O_4。因此，在反应过程中应经历绿色、棕色、棕黑色的颜色变化。若不转变为棕黑色，可能反应尚未完全，可补加适量铁粉，继续反应一段时间。

7. 除铁时，因溶液中有过量的硫化钠存在，加酸后可使其形成胶体硫，加活性炭后过滤，便可使其除去。

8. 盐酸普鲁卡因水溶性很大，所用仪器必须干燥，用水量需严格控制，否则影响收率。

9. 严格掌握 pH 5.5，以免芳胺基成盐。

10. 保险粉为强还原剂，可防止芳胺基氧化，同时可除去有色杂质，以保证产品色泽洁白，若用量过多，则成品含硫量不合格。

六、思考题

1. 在盐酸普鲁卡因的制备中，为何用对硝基苯甲酸为原料先酯化，然后再进行还原？能否反之，先还原后酯化，即用对硝基苯甲酸为原料进行酯化？为什么？

2. 酯化反应中，为何加入二甲苯做溶剂？

3. 酯化反应结束后，放冷除去的固体是什么？为什么要除去？

4. 在铁粉还原过程中，为什么会发生颜色变化？说出其反应机制。

5. 还原反应结束，为什么要加入硫化钠？

6. 在盐酸普鲁卡因成盐和精制时，为什么要加入保险粉？解释其原理。

实验十一　磺胺醋酰钠的制备

一、实验目的

1. 掌握酰化反应、杂质检查、结构鉴别等方法与技能。

2. 通过磺胺醋酰钠的合成，了解用控制 pH、温度等反应条件纯化产品的方法。

3. 加深对磺胺类药物一般理化性质的认识。

二、实验原理

磺胺醋酰钠为白色结晶性粉末，无臭味，微苦；易溶于水，微溶于乙醇、丙酮。磺胺醋酰钠用于治疗结膜炎、沙眼及其他眼部感染。

磺胺的 N^1 和 N^4 均可被乙酰化，当 N^1 成单钠盐离子型时，反应活性增强，可主要乙酰化于 N^1 上，故可在氢氧化钠和醋酐交替加料，控制 pH 12～14，保持 N^1 为钠盐时，可制取磺胺醋酰钠。

合成路线如下：

$$H_2N-C_6H_4-SO_2NH_2 + (CH_3CO)_2O \xrightarrow[\text{pH 12~13}]{NaOH} H_2N-C_6H_4-SO_2N(Na)COCH_3 \xrightarrow[\text{pH 4~5}]{HCl} H_2N-C_6H_4-SO_2NHCOCH_3 \xrightarrow[\text{pH 7~8}]{NaOH} H_2N-C_6H_4-SO_2N(Na)COCH_3$$

三、主要试剂和仪器

试剂：磺胺、盐酸、氢氧化钠、醋酐、活性炭、精密 pH 试纸。

仪器：圆底烧瓶、球形冷凝管、烧杯、锥形瓶、搅拌子、玻璃棒、抽滤瓶、布氏漏斗、量筒、加热套。

四、实验步骤

1. 磺胺醋酰的制备

在装有搅拌棒及温度计的 100 mL 三颈瓶中，加入磺胺 17.2 g、22.5%氢氧化钠 22 mL，开动搅拌，于水浴上加热至 50 ℃左右。待磺胺溶解后，分次加入醋酐 13.6 mL、77%氢氧化钠 12.5 mL（首先，加入醋酐 3.6 mL，77%氢氧化钠 2.5 mL；随后，每次间隔 5 min，将剩余的 77%氢氧化钠和醋酐分 5 次交替加入）。加料期间反应温度维持在 50～55 ℃；加料完毕继续保持此温度反应 30 min。反应完毕，停止搅拌，将反应液倾入 250 mL 烧杯中，加水 20 mL 稀释，于冷水浴中用 36%盐酸调至 pH 7，放置 30 min，并不时搅拌析出固体，抽滤除去。滤液用 36%盐酸调至 pH 4～5，抽滤，得白色粉末。

用 3 倍量 10%盐酸溶解得到的白色粉末，不时搅拌，尽量使单乙酰物成盐酸盐溶解，抽滤除不溶物。滤液加少量活性炭室温脱色 10 min，抽滤。滤液用 40%氢氧化钠调至 pH 5，析出磺胺醋酰，抽滤，压干。干燥，测熔点（m.p. 179～184 ℃）。若产品不合格，可用热水（1∶5）精制。

2. 磺胺醋酰钠的制备

将磺胺醋酰置于 50 mL 烧杯中，于 90 ℃热水浴上滴加计算量的 20%氢氧化钠至固体恰好溶解，放冷，析出结晶，抽滤（用丙酮转移），压干，干燥，计算收率。

3. 磺胺醋酰钠的有关物质检查

取磺胺醋酰钠 1 g，加水 10 mL 溶解，作为供试品溶液；另取磺胺对照品 0.5 g，0.25 g 分别加水 10 mL 溶解，作为对照品溶液（1）和（2）。吸取上述三种溶液各 5 μL，分别点于同一硅胶 G 薄层板上，以正丁醇-无水乙醇-水-浓氨溶液（10∶5∶5∶2）为展开剂，展开，晾干，喷以乙醇制对二甲氨基苯甲醛试液，立即检视。供试品溶液如显与对照品溶液相应的杂质斑点，其颜色与对照品（2）的主斑点比较，不得更深（0.25%）；如有 1 点超过时，应不深于对照品溶液（1）的主斑点（0.5%）。

4. 磺胺醋酰钠的鉴别

（1）红外光吸收光谱法应与对照的图谱（药品红外光谱集 574 图）一致。

（2）取磺胺醋酰钠 0.1 g，加水 3 mL 溶解后，加硫酸铜试液 5 滴，即生蓝色的沉淀。

（3）取磺胺醋酰钠 1 g，加水 10 mL 溶解后，加醋酸 2 mL，即生成沉淀；滤过，沉淀用水适量洗净，在 105 ℃干燥后，测熔点，为 180～184 ℃。

五、注意事项

1. 乙酰化反应时，需用各种不同浓度的氢氧化钠溶液，22.5%的氢氧化钠溶液是作为溶液使用，而 77%的氢氧化钠溶液则是作为缩合剂而起作用。

2. 在反应过程中交替加料很重要，以使反应液始终保持一定的 pH 值（pH 12～13）。

3. 按实验步骤严格控制每步反应的 pH 值，以利于除去杂质。

4. 在碱性条件下磺胺与醋酐发生乙酰化反应，生成主要产物磺胺醋酰钠盐、副产物磺胺钠盐和双乙酰磺胺钠盐。根据三者酸性的强弱差别，主要调 pH 值而达到分离、提纯，最后得到产品。

六、思考题：

1. 酰化液处理的过程中，pH＝7 时析出的固体是什么？pH＝5 时析出的固体是什么？10％盐酸中的不溶物是什么？

2. 反应碱性过强其结果磺胺较多，磺胺醋酰次之，双乙酰物较少；碱性过弱其结果双乙酰物较多，磺胺醋酰次之，磺胺较少，为什么？

3. 乙酰化加碱的原理是什么？为何醋酐与氢氧化钠需交替加料？

实验十二　苯妥英钠的合成

一、实验目的

1. 掌握苯妥英钠合成的反应原理及制备的操作方法。

2. 掌握缩合、氧化、关环缩合等化学反应。

二、实验原理

苯妥英钠化学名为 5，5 -二苯基乙内酰脲钠，又名大伦丁钠，具有抗癫痫和治疗心律失常的作用。临床主要用于治疗癫痫大发作，也可用于治疗三叉神经痛及某些类型的心律不齐，是临床常用药。苯妥英钠为白色粉末，无臭、味苦，微有吸湿性，在空气中渐渐吸收二氧化碳析出苯妥英。在水中易溶，水溶液呈碱性反应，溶液常因一部分被水解而变浑浊，能溶于乙醇，几乎不溶于乙醚和氯仿。

本实验以苯甲醛为原料，通过安息香缩合、氧化、关环缩合等步骤合成，其合成路线如下：

$$\mathrm{C_6H_5{-}CHO} \xrightarrow[\mathrm{C_2H_5OH,NaOH}]{\text{维生素}\mathrm{B_1}} \mathrm{C_6H_5{-}\overset{O}{\overset{\|}{C}}{-}\underset{H}{\overset{OH}{C}}{-}C_6H_5} \xrightarrow{\mathrm{HNO_3}} \mathrm{C_6H_5{-}\overset{O}{\overset{\|}{C}}{-}\overset{O}{\overset{\|}{C}}{-}C_6H_5}$$

$$\xrightarrow{\text{尿素-NaOH}} \text{5,5-二苯基-2-NaO-咪唑啉-4-酮（苯妥英钠）}$$

三、主要试剂和仪器

试剂：苯甲醛、乙醇、20%氢氧化钠溶液、稀硝酸、尿素、15%盐酸、醋酸钠。

仪器：球形冷凝管、圆底烧瓶、电热套、恒温水浴锅、搅拌子、温度计、烧杯、玻璃棒、抽滤瓶、布氏漏斗、量筒。

四、实验步骤

1. 安息香的合成（盐酸硫胺催化）

在 100 mL 三口瓶中加入 3.5 g 盐酸硫胺（Vit. B_1）和 8 mL 水，溶解后加入 95%乙醇 30 mL。搅拌下滴加 2 mol/L NaOH 溶液 10 mL。再取新蒸苯甲醛 20 mL，加入上述反应瓶中。水浴加热至 70 ℃左右反应 1.5 h。冷却，抽滤，用少量冷水洗涤，干燥后得粗品。测定熔点，计算收率。m. p. 136～137 ℃。

也可采用室温放置的方法制备安息香，即将上述原料依次加入 100 mL 三角瓶中，室温放置有结晶析出，抽滤，用冷水洗涤，干燥后得粗品。测定熔点，计算收率。

2. 二苯乙二酮（联苯甲酰）的合成

取 8.5 g 粗制的安息香和 25 mL 硝酸（65%～68%）置于 100 mL 圆底烧瓶中，装上冷凝管和气体连续吸收装置，加热并搅拌，逐渐升高温度，直至二氧化氮逸去（约 1.5～2 h）。反应完毕，在搅拌下趁热将反应液倒入盛有 150 mL 冷水的烧杯中，充分搅拌，直至油状物呈黄色固体全部析出。抽滤，结晶用水充分洗涤至中性，干燥，得粗品。用四氯化碳重结晶（1∶2），也可用乙醇重结晶（1∶25），m. p. 94～96 ℃。

3. 苯妥英的合成

在装有搅拌及球形冷凝管的 250 mL 圆底瓶中，投入二苯乙二酮 8 g、尿素 3 g，15% NaOH 25 mL，95%乙醇 40 mL，开动搅拌，加热回流反应 60 min。反应完毕，反应液倾入 250 mL 水中，加入 1 g 醋酸钠，搅拌后放置 1.5 h，抽滤，滤除黄色二苯乙炔二脲沉淀。滤液用 15 %盐酸调至 pH 6，放置析出结晶，抽滤，结晶用少量水洗，得白色苯妥英粗品。m. p. 295～299 ℃。

4. 苯妥英钠（成盐）的制备与精制

将与苯妥英粗品等摩尔的氢氧化钠（先用少量蒸馏水将固体氢氧化钠溶解）置于 100 mL 烧杯中，加入苯妥英粗品，水浴加热至 40 ℃，使其溶解，加活性炭少许，在 60 ℃下搅拌加热 5 min，趁热抽滤，在蒸发皿中将滤液浓缩至原体积的三分之一。冷却后析出结晶，抽滤。沉淀用少量冷的95%乙醇-乙醚（1∶1）混合液洗涤，抽干，得苯妥英钠，真空干燥，称重，计算收率。

五、注意事项

1. 硝酸为强氧化剂，使用时应避免与皮肤、衣服等接触，氧化过程中，硝酸被还原产生大量的二氧化氮气体，应用气体连续吸收装置，避免逸至室内影响健康。

2. 制备钠盐时，水量稍多，可使收率受到明显影响，要严格按比例加水。

3. 苯妥英钠可溶于水及乙醇，洗涤时要少用溶剂，洗涤后要尽量抽干。

六、思考题

1. 制备二苯乙二酮时，为什么要控制反应温度使其逐渐升高？

2. 制备苯妥英为什么在碱性条件下进行？

3. 在苯妥英的制备中，加入醋酸钠的作用是什么？

第三章　天然药物化学实验

实验一　大黄中蒽醌类成分的提取、分离和鉴定

一、实验目的

1. 掌握 pH 梯度萃取法的原理及操作技术。
2. 熟悉缓冲液的配制方法，知道如何选择萃取剂及其用量。
3. 了解蒽醌类化合物的鉴定方法。

二、实验原理

大黄为蓼科植物，味苦，性寒，具有泻热通肠、凉血解毒、逐瘀通经等功效，其主要成分为蒽醌类化合物，含量约为 3%～5%。蒽醌类化合物在植物中可游离存在，也可与糖结合成蒽苷。游离蒽醌类化合物极性极小，一般可溶于甲醇、乙醇、乙酸乙酯、乙醚、苯、氯仿等有机溶剂，微溶或不溶于水。与糖结合成蒽苷后极性增大，易溶于甲醇、乙醇，在热水中也可溶解，但在冷水中溶解度较低，几乎不溶于苯、乙醚、氯仿等非极性溶剂。

游离蒽醌类化合物有大黄酸、大黄素、芦荟大黄素、大黄酚、大黄素甲醚等。其中，大黄酸具有羧基，酸性最强；大黄素具有 β-酚羟基，酸性第二；芦荟大黄素连有羟甲基，酸性第三；大黄素甲醚和大黄酚的酸性最弱。根据以上化合物的酸性差异，可用碱性强弱不同的溶液进行梯度萃取分离。

本实验根据大黄中的蒽苷在酸性条件下受热，可水解成游离蒽醌类化合物和糖，而游离蒽醌类化合物不溶于水，可溶于乙醚、氯仿等亲脂性有机溶剂的性质，从水解物中将游离蒽醌类化合物提出，再利用游离蒽醌类化合物的酸性不同，采用 pH 梯度萃取法将其分离。

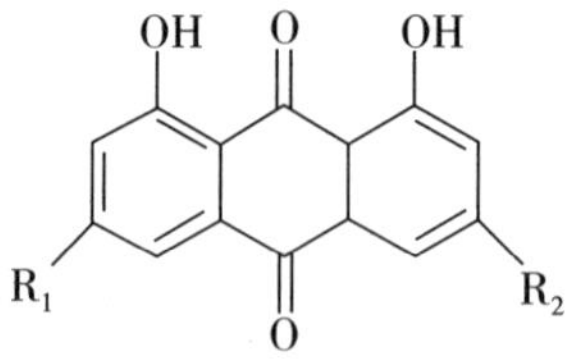

大黄酸	R_1=H	R_2=COOH
大黄素	R_1=CH_3	R_2=OH
芦荟大黄素	R_1=CH_2OH	R_2=H
大黄素甲醚	R_1=CH_3	R_2=OCH_3
大黄酚	R_1=CH_3	R_2=H

三、主要试剂及仪器

试剂：大黄、$NaHCO_3$、Na_2CO_3、NaOH、硫酸、氨水、盐酸、氯仿、石油醚、乙酸乙酯。

仪器：500 mL 圆底烧瓶、烧杯、滴管、橡皮管、球形冷凝管（30 cm）、层析缸、标本瓶、索氏提取器、250 mL 分液漏斗、布氏漏斗、抽滤瓶、普通滤纸、薄层板、喷雾器、广泛 pH 试纸。

四、实验步骤

1. 游离蒽醌类化合物的提取

称取大黄粗粉 50 g，加 20% H_2SO_4 水溶液 150 mL，水浴加热 2～3 小时，放冷，抽滤，水洗滤饼至近中性，抽滤，于 70 ℃干燥后，研碎，置于索氏提取器中，加入氯仿 150 mL，回流提取 3～4 小时，得到氯仿提取液。

2. pH 梯度萃取分离

（1）将氯仿提取液加入 250 mL 分液漏斗中，以 40 mL 2.5% $NaHCO_3$ 水溶液萃取三次，合并三次 $NaHCO_3$ 萃取液，用浓盐酸酸化，可得大黄酸沉淀（注意：加酸时应缓慢加入，以防酸液溢出）。

（2）对于经 2.5% $NaHCO_3$ 水溶液萃取后的氯仿层，继续以 2.5% Na_2CO_3 水溶液萃取三次，每次 40 mL，合并三次 Na_2CO_3 萃取液，并酸化，得大黄素沉淀（酸化时注意操作同前）。

（3）对于经 2.5% Na_2CO_3 水溶液提取后的氯仿液，再以 0.25% NaOH 水溶液提取四次，每次 30 mL，合并四次萃取液，酸化得芦荟大黄素沉淀（酸化时操作注意同前）。

（4）对于经 0.25% NaOH 水溶液萃取过后的氯仿层，以 5% NaOH 水溶液萃取四次，每次 30 mL，合并 NaOH 萃取液，酸化得沉淀。沉淀为大黄酚和大黄素甲醚混合物。

3. 大黄酚的鉴定

（1）在薄层板上用点滴反应检查大黄酚对 NaOH，Mg（OAc)$_2$试液的反应。

（2）测定大黄酚的紫外光谱。

（3）用溴化钾压片法测定大黄酚的红外光谱。

五、注意事项

1. 游离蒽醌的提取要控制温度，回流不宜太剧烈。

2. pH 梯度萃取分离时，以保证提取充分，可以用薄层色谱作监控。

3. 注意碱液浓度及萃取时的静置时间对实验结果的影响。

六、思考题

1. 简述大黄中 5 种游离羟基蒽醌化合物的酸性与结构的关系。

2. pH 梯度萃取法的原理是什么？如何利用该方法分离大黄中的 5 种游离羟基蒽醌化合物？

实验二　芦丁的提取、分离及鉴定

一、实验目的

1. 掌握碱酸法提取黄酮类化合物的原理及操作。

2. 熟悉紫外光谱在黄酮结构鉴定中的应用。

3. 了解苷类结构研究的一般程序和方法。

二、实验原理

槐米为豆科植物槐（*Sophora japonica* L.）的未开放花蕾，味苦性凉，具清热凉血、止血之功，常用于治疗多种出血症，例如肠风便血、痔血、尿血、衄血、崩漏下血、赤血下痢等。

槐米的主要化学成分为芦丁，其含量为 12%～16%，其次含有槲皮素、三萜皂苷、槐花米甲素、槐花米乙素、槐花米丙素等。芦丁可降低毛细血管脆性和调节通透性，临床上用于治疗毛细血管脆性引起的出血症，常作为高血压症的辅助治疗药。

芦丁（rutin）：$C_{27}H_{30}O_{16} \cdot 3H_2O$，浅黄色针状结晶，m.p. 174～178 ℃（含三分子水）和 188 ℃（无水物）；难溶于冷水（1∶8000～10000），可溶于热水（1∶180～200）、热甲醇（1∶10）、冷甲醇（1∶100）、热乙醇（1∶60）、冷乙醇（1∶650），难溶于乙醚、三氯甲烷、石油醚、乙酸乙酯、丙酮等，易溶于碱液。

槲皮素（quercetin）：$C_{15}H_{10}O_7 \cdot 2H_2O$，黄色结晶，m.p. 313～314 ℃（2 分子结晶水），316 ℃（无水物）；能溶于冷乙醇（1∶290），易溶于沸乙醇（1∶23），可溶于甲醇、乙酸乙酯、冰醋酸、吡啶、丙酮等，难溶于水、苯、石油醚等溶剂。

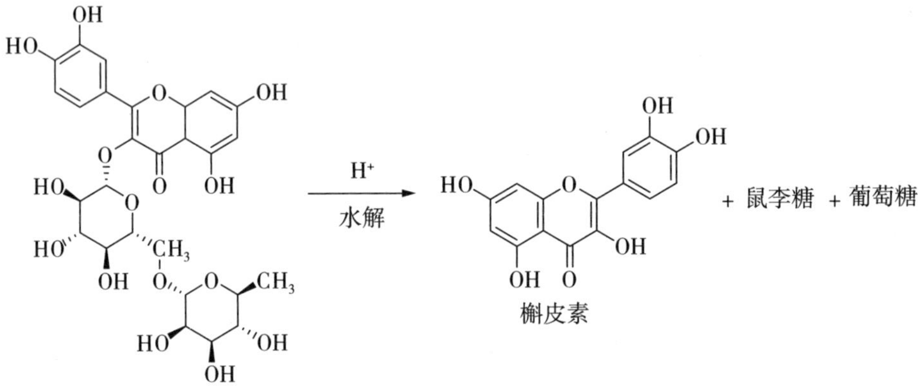

芦丁为黄酮苷，分子中具有酚羟基，显酸性，可溶于稀碱液中，在酸液中沉淀析出，可利用此性质进行提取分离。利用芦丁易溶于热水、热乙醇，较难溶于冷水、冷乙醇的性质选择重结晶方法进行精制。芦丁可被稀酸水解生成槲皮素、葡萄糖和鼠李糖，以此制备槲皮素。通过纸色谱及紫外光谱进行黄酮及糖的鉴定。

三、主要试剂及仪器

试剂：槐米粗粉、0.4%硼砂水溶液、饱和石灰水、2%硫酸溶液、浓盐酸、蒸馏水、镁粉、浓硫酸、甲醇、90%乙醇、1%三氯化铝醇溶液、醋酸镁乙醇液、10% α-萘酚乙醇液、2% $ZrOCl_2$ 的甲醇溶液、正丁醇、醋酸、醋酸钠。

仪器：电炉、1000 mL 烧杯、滴管、冰箱、滤纸、pH 试纸、减压抽滤装置、锥形瓶、玻璃漏斗、纱布、电子天平、聚酰胺薄膜。

四、实验内容

（一）芦丁的提取分离及精制

方法（1）：利用芦丁碱溶酸沉的方法进行提取分离。

槐米粗粉（50 g）

置于1000 mL烧杯中，加入500 mL饱和石灰水，加热，并维持pH为8～9，煮沸20分钟，趁热用脱脂棉滤过

滤液　　药渣

加300 mL饱和石灰水，煮沸10分钟，维持pH为8～9，趁热滤过

滤液　　药渣（×）

合并

在60～70 ℃下用浓HCl调pH至4～5，静置，抽滤

沉淀

低温（80 ℃）干燥，称重。按1∶200的比例加水，加热使溶解，趁热滤过

滤液

静置，抽滤，减压干燥，计算收率

芦丁精制品

方法（2）：利用芦丁在冷、热溶剂中的溶解度不同进行提取分离。

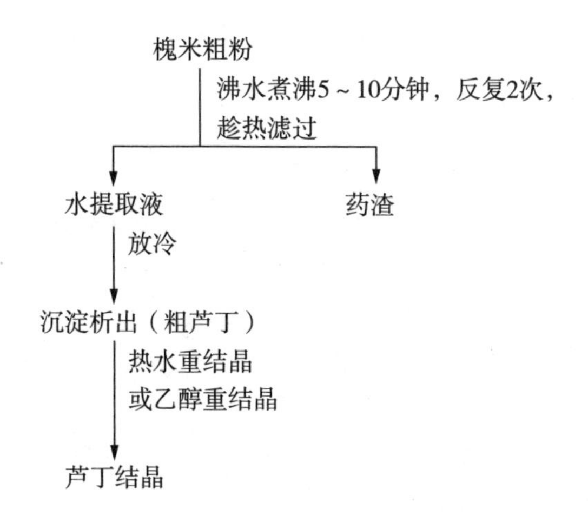

(二) 槲皮素的制备

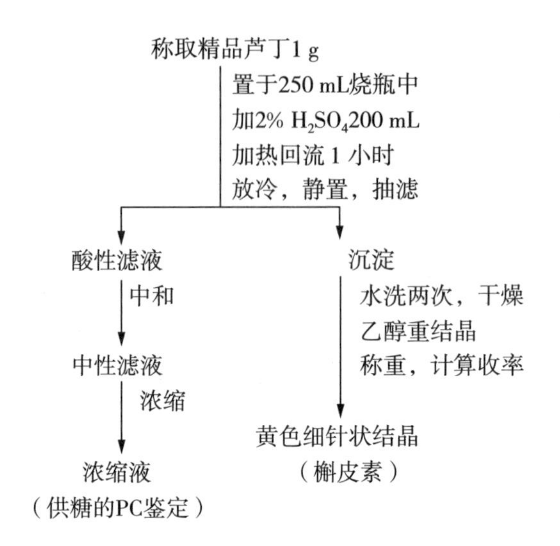

(三) 检识反应

1. 芦丁的定性反应

取芦丁适量，加乙醇使其溶解，分成三份供下述试验用：

(1) 盐酸镁粉试验：取样品液适量，加 2 滴浓 HCl，再酌加少许镁粉，即产生剧烈的反应，液体颜色逐渐变为红色至深红色。

(2) 锆-枸橼酸试验：取样品液适量，然后加 2% $ZrOCl_2$ 的甲醇溶液，注意观察颜色变化，再加入 2%枸橼酸的甲醇溶液，并详细记录颜色变化。

(3) α-萘酚-浓硫酸反应（Molish 反应）：取样品液适量，加等体积的 10% α-萘酚乙醇溶液，摇匀，沿管壁缓慢加入浓硫酸，注意观察两液界面的颜色。

2. 芦丁的 UV

(1) 鉴定试剂的配制

① 甲醇钠溶液：取 0.25 g 金属钠，切碎，小心加入色谱级甲醇 10 mL 中，将此液置于玻璃瓶中，用橡皮塞密封。

② 三氯化铝溶液：取 1 g 无水三氯化铝，小心加入色谱级甲醇 20 mL 中，放置 24 小时后三氯化铝全部溶解即得。

③ 醋酸钠：用无水粉末醋酸钠。

④ 硼酸饱和溶液：取无水硼酸，加入适量色谱级甲醇，制成饱和溶液。

(上述贮备液可放置六个月。)

（2）芦丁溶液的配制

精密称取芦丁纯品 0.5 g，用甲醇适量溶解至 50 mL 容量瓶中，用甲醇稀释至刻度。

（3）光谱的测定

① 甲醇光谱：取样品液置于石英杯中，进行扫描（200～500 nm），重复一次，观察紫外光谱。

② 甲醇钠光谱：取样品液置于石英杯中，加入甲醇钠溶液 3 滴后，立即测定，放置 5 分钟后再测一次。

③ 三氯化铝光谱：在盛有样品液的石英杯中，加入三氯化铝 6 滴，放置 1 分钟后进行测定。测定后加入 3 滴盐酸溶液（盐酸：水＝1∶1），再进行测定。

④ 醋酸钠光谱：取样品液约 3 mL，加入过量的无水醋酸钠固体，摇匀（杯底剩有约 2 mg 的醋酸钠），加入醋酸钠后两分钟内测定，5 分钟到 10 分钟后再测定一次。

3. 芦丁及槲皮素的色谱

支持剂：中速层析滤液（5×20 cm）。

展开剂：正丁醇-醋酸-水（4∶1∶5）上层。

样品：自制槲皮素的乙醇溶液、自制芦丁的乙醇溶液。

对照品：槲皮素标准品的乙醇溶液、芦丁标准品的乙醇溶液。

显色剂：三氯化铝乙醇溶液喷雾。

4. 糖的纸色谱检识

支持剂：中速层析滤纸（5 cm×20 cm）。

样品：取水解后的滤液 10 mL，水浴加热，且边搅拌边加适量碳酸钡细粉至 pH 呈中性，过滤，取滤液并浓缩至 2 mL 左右，放冷后，供纸色谱点样用。

对照品：1％葡萄糖标准品醇溶液及 1％鼠李糖标准品醇溶液。

展开剂：正丁醇-醋酸-水（4∶1∶5）上层。

显色剂：喷以邻苯二甲酸苯胺溶液，105 ℃烘烤 5 分钟至斑点显色清晰。

五、注意事项

1. 用石灰水调节芦丁提取溶液的 pH，既可以达到碱提取芦丁的目的，还可以除去槐米中含有的大量黏液质。但钙离子浓度及 pH 值均不宜过高，否则多余的钙能与芦丁形成螯合物沉淀，同时黄酮母核在强碱性条件下易被破坏。

2. 用 HCl 调 pH 时，应注意 pH 不要过低，因为 pH 过低（pH2 以下）会使芦丁形成 鎓盐而使已形成的沉淀重新溶解，同时黄酮母核也会在强碱性条件下被破坏，导致收率下降。

3. 注意观察槲皮素制备过程中的实验现象。

六、思考题

1. 苷类结构检识的一般程序？
2. 苷类水解有几种催化方法？
3. 怎样确定芦丁结构中糖基连接在槲皮素 3－O 位上？
4. 怎样证明芦丁分子中只含有一个葡萄糖及一个鼠李糖？
5. UV 在黄酮类化合物结构鉴定中的应用。

实验三　大枣中多糖的提取及鉴定

一、实验目的

1. 学习多糖的提取方法及工艺。
2. 熟悉蒸发、干燥等单元操作。
3. 掌握苯酚硫酸法鉴定多糖的方法。

二、实验原理

多糖化合物作为一种免疫调节剂，能激活免疫细胞，提高机体的免疫功能，对正常的细胞没有毒副作用，在临床上用来治疗恶性肿瘤、肝炎等疾病。大分子植物多糖如淀粉、纤维素等多不溶于水，且在医药制剂中仅用作辅料成分，无特异的生物活性。目前所研究的多糖，因其分子量较小，故多可溶于水，又因其极性基团较多，故难溶于有机溶剂。

多糖的提取方法通常有以下三种：

（1）直接溶剂浸提法：这也是传统方法，在我国已有几千年历史，如中药的煎煮、中草药有效成分的提取。该方法具有设备简单、操作方便、适用面广等优点。但具有操作时间长、对不同成分的浸提速率相差不大、能耗较高等缺点。

（2）索氏提取法：在有效成分提取方面曾经有过较为广泛的应用。其提取原理：在索氏提取中，基质总是浸泡在相对比较纯的溶剂中，目标成分在基质内、外的浓度梯度比较大；在回流提取中，溶液处于沸腾状态，溶液与基质间的扰动加强，减少了基质表面流体膜的扩散阻力。根据费克扩散定律，由于固体颗粒内外浓度相差比较大，扩散速率较高，达到相同浓度所需时间较短，且由于每次提取液为新鲜溶剂，能提供较大的溶解能力，所以提取率较高。但索氏提取法溶剂每循环一次所需时间较长，不适合于高沸点溶剂。

（3）新型提取方法：随着科学技术的发展，近年出现了一些新的提取方法和新的设备，如超声波提取、微波提取以及膜分离集成技术，极大地丰富了中草药药用成分提取理论。此外还有透析法、柱色谱法、分子筛分离法及中空纤维超滤法等。

可根据原料及多糖的特点，设计不同的提取工艺。本实验采用直接溶剂浸提法提取大枣多糖。

三、主要试剂及仪器

试剂：大枣、无水乙醇、浓硫酸、苯酚、蒸馏水。

仪器：电热恒温水浴锅、电子天平、圆底烧瓶、量筒、容量瓶、试管、移液管、玻璃棒、烧杯。

四、实验步骤

1. 大枣多糖的提取

（1）将大枣烘干，剪碎，称取 10 g 大枣，装入 100 mL 圆底烧瓶中，并加入 60 mL蒸馏水（用笔记录液面高度），随后于 100 ℃提取 1 h（提取过程中不停补加水至 60 mL），提取两次，合并提取液；

（2）取大枣提取液上清液，将上清液蒸发浓缩至原体积的 1/3 至 1/4，得浓缩液，加乙醇至乙醇浓度约为 80%，静置，过滤得粗产物，干燥，称重，计算产率；

（3）提取率计算：提取率＝（干燥大枣粗多糖/原大枣重量）×100%。

2. 大枣多糖的鉴别

（1）5%苯酚溶液的配制：取苯酚 5 g，置于 100 mL 容量瓶中，加水定容至刻度，摇匀，即得。配制过程中注意避光；

（2）移取大枣多糖浓缩液 2 mL，依次加入 5%苯酚溶液 1 mL、浓硫酸 5 mL，于 80 ℃加热 15 min，观察颜色变化，并与空白对照组比较。

五、注意事项

1. 大枣在实验前应进行干燥处理，防止大枣中水分较多，使同等重量的大枣中多糖含量较少，影响多糖的提取。

2. 至少提取两次，保证大枣多糖尽可能被提取完全。

六、思考题

1. 与不同小组的实验结果进行比较，讨论影响多糖提取实验结果的因素有哪些？

2. 结合糖的性质，分析采用苯酚-硫酸法鉴定大枣多糖的原理，并讨论溶液颜色与多糖含量的关系。

实验四　葛根中异黄酮类化合物的提取及鉴定

一、实验目的

1. 掌握异黄酮类化合物的性质。
2. 掌握醋酸铅和碱式醋酸铅沉淀法的原理和操作方法。
3. 了解异黄酮化合物的鉴别方法。

二、实验原理

葛根为豆科植物野葛或甘葛藤的干燥根，主产于河南、湖南、浙江、四川等地。葛根味甘辛、性平，具有解肌退热、生津止渴、透疹、升阳止泻之功效，主治外感发热、头痛颈强、口渴泻痢、高压引起的颈强直和疼痛、心绞痛、突发性耳聋等。

葛根的主要化学成分为异黄酮类化合物，主要有葛根素、大豆苷、大豆素等。

1. 葛根素

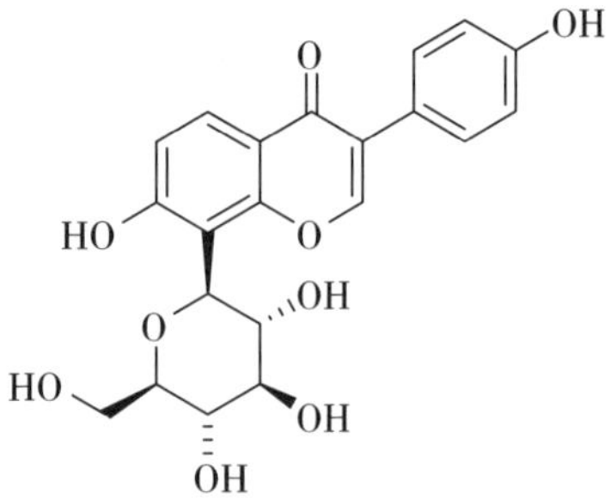

分子式为 $C_{21}H_{20}O_9$，相对分子质量为 416.37。白色针状晶体（甲醇-乙酸），m.p. 187 ℃（分解）。溶于热水、甲醇、乙醇，不溶于乙酸乙酯、氯仿、苯等。

2. 大豆苷

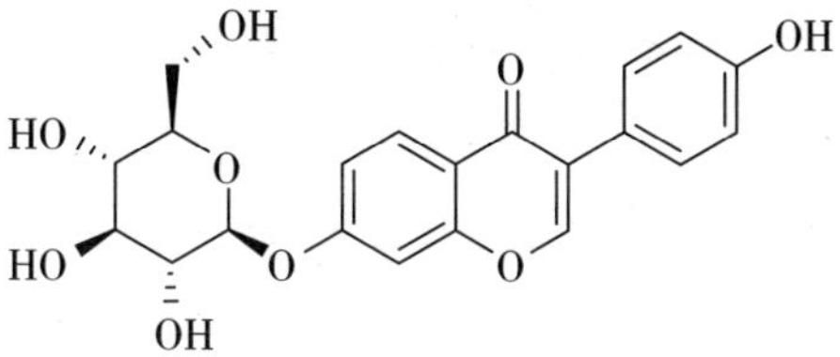

分子式为 $C_{21}H_{20}O_9$，相对分子质量为 416.37。白色针状结晶，m.p. 215～217 ℃（分解），无荧光。易溶于乙醇。

3. 大豆素

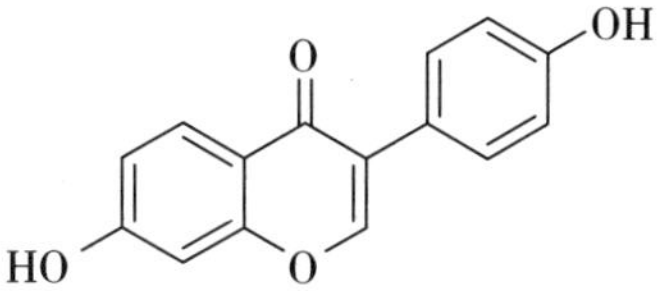

分子式为 $C_{15}H_{10}O_4$，相对分子质量为 254.23。苍黄色棱柱状结晶（稀乙醇），分解点为 315～316 ℃。溶于乙醚及乙醇。

葛根黄酮苷及其苷元均能溶于乙醇，故用乙醇为溶剂，可提取葛根中的总黄酮，经铅盐法沉淀除去杂质，再利用各化合物结构不同，而对同一吸收剂吸附能力有差异，用氧化铅柱色谱将其分离。

三、主要试剂及仪器

试剂：葛根药材、蒸馏水、甲醇、乙醇、中性醋酸溶液、碱式醋酸铅溶液、Mg 粉、5%氯化铝溶液、5%醋酸铅溶液、5%氯化铁溶液、5%硼酸溶液、5% NaOH 溶液、0.5 moL/L H_2SO_4溶液。

仪器：水浴锅、旋转蒸发仪、冷凝管、圆底烧瓶、烧杯、蒸发皿、玻璃棒、布氏漏斗、锥形瓶。

四、实验步骤

1. 葛根中异黄酮类化合物的提取

取葛根粗粉 10 g，于 100 mL 圆底烧瓶中，加 30 mL 70%乙醇回流提取1 h，过滤，残渣再用 20 mL 乙醇回流提取一次，过滤。合并两次醇提取液，于水浴上回收乙醇至 15 mL，转移到烧杯中，加饱和中性醋酸溶液至不再有沉淀析出为止，过滤。在滤液中加饱和碱式醋酸铅至不再有沉淀析出为止，抽滤，除去硫化铅沉淀，并用甲醇洗 2～3 次。合并洗液与滤液，中和至 pH 为 6.5～7，于水浴锅上减压回收甲醇 30 mL 左右，转移到蒸发皿中蒸干，即得异黄酮类化合物。

2. 葛根中异黄酮类化合物的定性鉴别（表 3－1）

取葛根提取液进行如下定性鉴别实验：

表 3－1 异黄酮类化合物的定性反应

方法与原理	还原试剂	络合反应				显色反应		
试剂	HCl－Mg 粉	铝盐	铅盐	锆盐	铁盐	硼酸	NaOH	H_2SO_4
现象	无颜色变化	溶液呈黄色	生成黄色沉淀	溶液亮黄色	生成黑色沉淀	无颜色反应	呈黄色	显黄色

铝盐：5％氯化铝溶液；　铅盐：5％醋酸铅溶液；　铁盐：5％氯化铁溶液；
硼酸：5％硼酸溶液；　NaOH：5％NaOH 溶液；

H_2SO_4：0.5 moL/L H_2SO_4溶液（精密移取 2.7 mL 浓盐酸于 100 mL 容量瓶中，加水定容至刻度，摇匀，即得）。

五、注意事项

1. 至少提取两次以保证异黄酮提取完全。
2. 该方法提取的为异黄酮混合物的粗分离产物，若进一步分离还需采用柱分离或 HPLC 等。

六、思考题

1. 葛根素与一般黄酮类化合物的性质有哪些异同？为什么？
2. 醋酸铅和碱式醋酸铅沉淀法的原理是什么？

实验五　穿心莲中穿心莲内酯的提取、分离与鉴别

一、实验目的

1. 掌握一种穿心莲内酯的提取分离方法。
2. 了解穿心莲内酯类化合物结构，联系利用其极性和溶解度进行分离的原理。
3. 掌握活性炭脱叶绿素的方法。
4. 掌握鉴别二萜内酯的方法。

二、实验原理

（一）概述

穿心莲为爵床科植物穿心莲［*Andjrograhis panicalata*（Burm. f.）Nees］的全草或叶。味苦，性寒。归心、肺、大肠、膀胱经。能清热解毒、凉血、消肿、燥湿。用于治疗感冒发热、咽喉肿痛、顿咳劳嗽、泄泻痢疾、热淋涩痛、痈肿疮疡、毒蛇咬伤等症。

穿心莲含有多种苦味素，主要为二萜内酯类化合物，其中包括去氧穿心莲内酯（穿心莲甲素）、穿心莲内酯（穿心莲乙素）、新穿心莲内酯（穿心莲丙素）、高穿心莲内酯、潘尼内酯、穿心莲烷、穿心莲酮、穿心莲固醇等。其中穿心莲内酯、新穿心莲内酯是穿心莲抗菌、消炎的主要有效成分。穿心莲中还含有穿心莲固醇、β-谷甾醇-D-葡萄糖苷及5-羟基-7，8，2′，3′-四甲氧基黄酮、5-羟基-7，8，2′-三甲氧基黄酮、5，2′二羟基-7，8-二甲氧基黄酮、芹菜素-7，4′-二甲醚、2-谷甾醇和磷酸二氢钾等。还含有14-去氧-11-氧化穿心莲内酯、14-去氧-11，12-二去氧穿心莲内甾体皂苷、糖类、缩合鞣质、叶绿素、无机盐等。

1. 穿心莲中主要成分的结构及性质

（1）穿心莲内酯：$C_{20}H_{30}O_6$，又称穿心莲乙素，为无色方形或长方形结晶，m. p. 230～232 ℃，$[\alpha]_{D7}^{20}$～126°。味极苦，可溶于甲醇、乙醇、丙醇、吡啶中，微溶于三氯甲烷、乙醚，难溶于水及石油醚。

（2）脱氧穿心莲内酯：$C_{20}H_{30}O_4$，又叫穿心莲甲素，为无色片状或长方形晶体，m. p. 175～176.5 ℃，$[\alpha]_{D}^{20}$ 20～26°（1%三氯甲烷）。味稍苦，可溶于甲醇、乙醇、丙醇、吡啶、三氯甲烷、乙醚、苯，微溶于水。

（3）新穿心莲内酯：$C_{26}H_{40}O_8$，又称穿心莲丙素、穿心莲苷。为无色柱状结晶，m. p. 167～168℃，$[\alpha]_{D}^{20}$ 22.5～45°（无水乙醇）。无苦味，可溶于甲醇、乙醇、丙醇、吡啶，微溶于三氯甲烷和水，不溶于乙醚和石油醚。

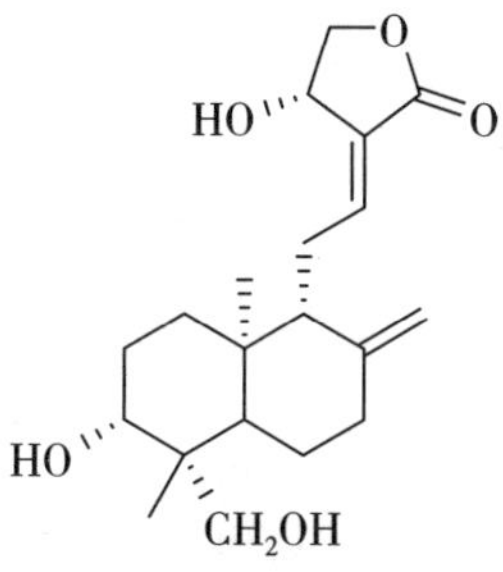

穿心莲内酯 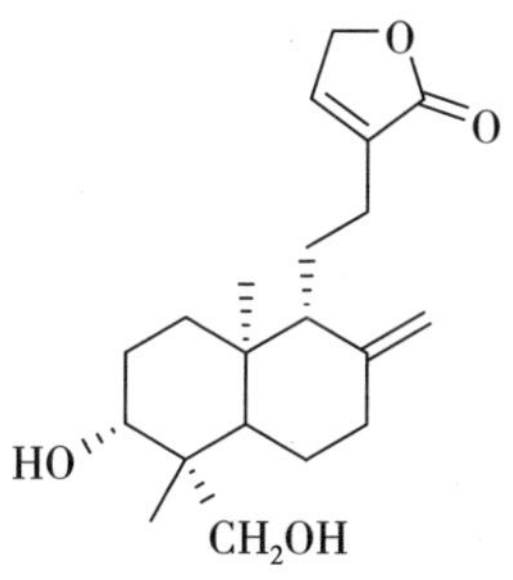　　脱氧穿心莲内酯 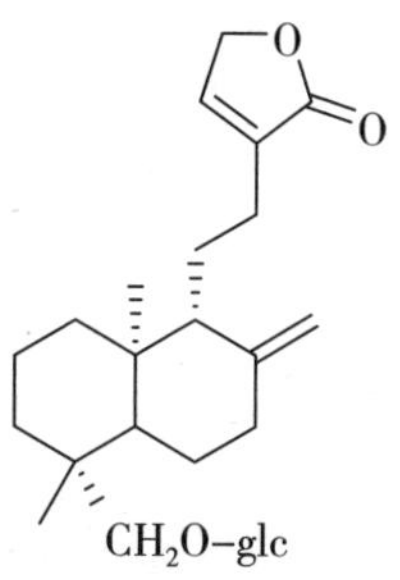　　新穿心莲内酯

（4）脱水穿心莲内酯：$C_{20}H_{23}O_4$，即 14 -脱氧- 11，12 -二脱氧穿心莲内酯。为无色针晶，m. p. 203～204 ℃。易溶于乙醇、丙醇，可溶于三氯甲烷，微溶于苯，几乎不溶于水。本品与脱氧穿心莲内酯极性相似，但用硝酸银溶液饱和的薄层板进行层析，可以将它们分开。

（5）14 -脱氧- 11 -氧（代）穿心莲内酯：$C_{20}H_{28}O_6$，为无色针状结晶，m. p. 98～100 ℃。

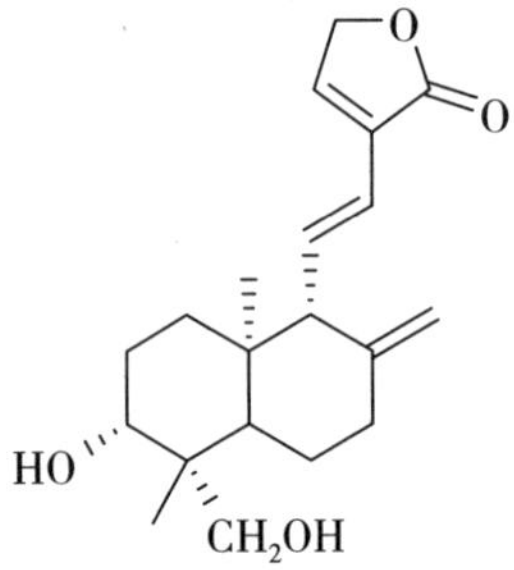

脱水穿心莲内酯 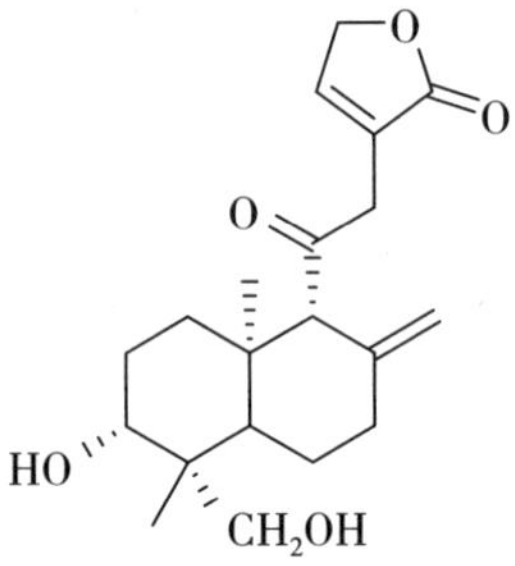　　　　14-去氧-11-氧（代）穿心莲甲素

（6）高穿心莲内酯：$C_{22}H_{32}O_6$，m. p. 115 ℃。

（7）穿心莲烷：$C_{40}H_{82}$，m. p. 67～68 ℃。

（8）穿心莲酮：$C_{32}H_{64}O$，m. p. 85 ℃。

（9）穿心莲甾醇：m. p. 135 ℃。

（10）5 -羟基- 7，8，2′，3′-四甲氧基黄酮：m. p. 150～151 ℃。

（11）5 -羟基- 7，8，2′-三甲氧基黄酮：橙黄色结晶，m. p. 190～191 ℃。

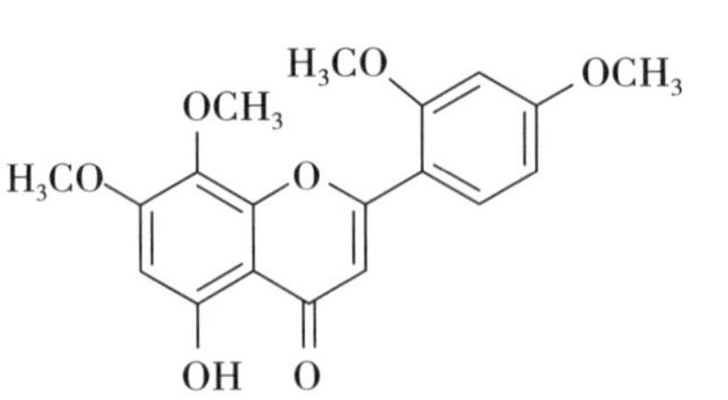

5-羟基-7，8，2′，3′-四甲氧基黄酮 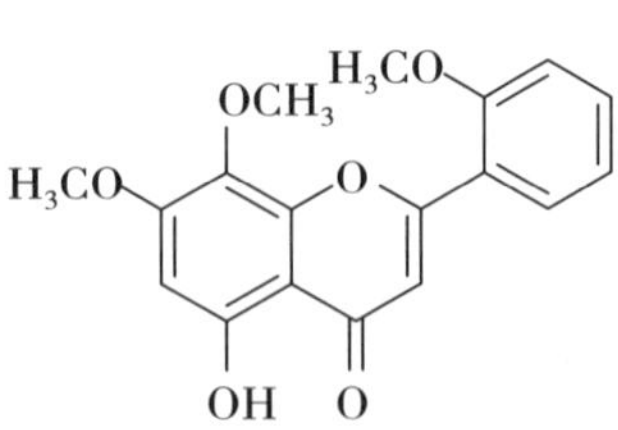　　　　5-羟基-7，8，2′-三甲氧基黄酮

（12）5，2′-二羟基- 7，8 -二甲氧基黄酮（panicolin）：浅黄色绒毛状针晶（三氯甲烷中结晶），m. p. 263～264 ℃。

（13）芹菜素-7，4′-二甲醚：m. p. 174～174.5 ℃。

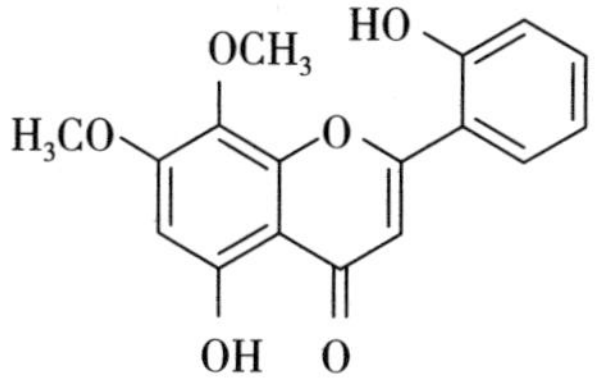

5，2’-二羟基-7，8-二甲氧基黄酮 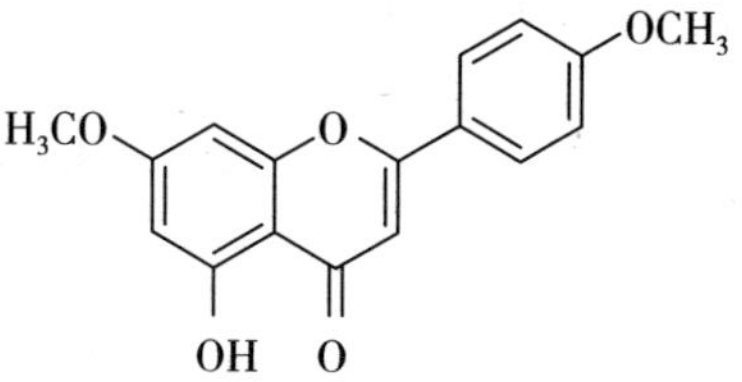　　　　芹菜素-7，4’-二甲醚

（14）穿心莲新苷苷元：$C_{20}H_{30}O_3$，m. p.：92～94 ℃。

（15）去氧穿心莲内酯苷：$C_{26}H_{40}O_9$，m. p.：199～200 ℃。

（16）穿心莲内酯苷：$C_{26}H_{40}O_{10}$，m. p.：203～204 ℃。

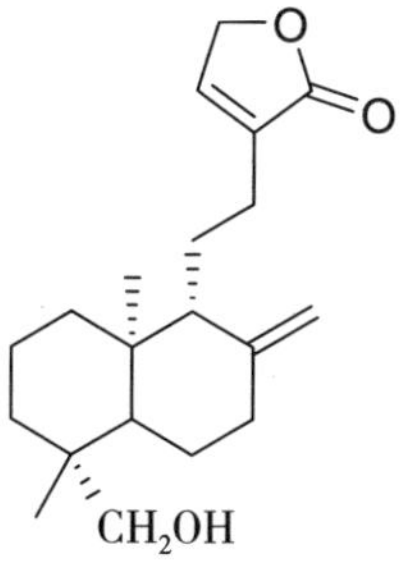

穿心莲新苷苷元 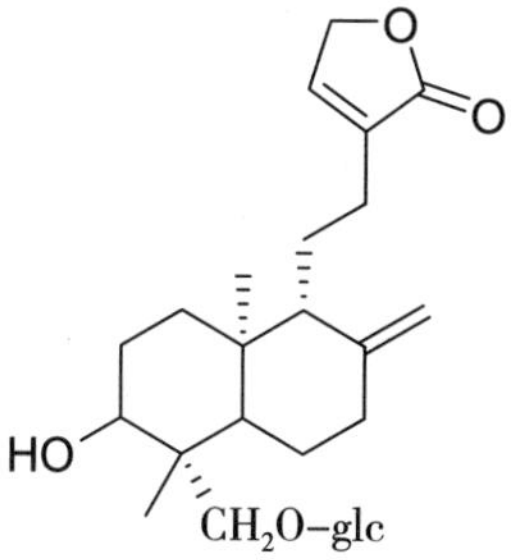　　　　去氧穿心莲内酯苷

（二）实验原理

穿心莲中的内酯类化合物易溶于甲醇、乙醇、丙酮等溶剂，故利用此性质用乙醇提取；利用穿心莲内酯与脱氧穿心莲内酯在三氯甲烷中溶解度不同，将两者初步分离，再利用穿心莲内酯与脱氧穿心莲内酯结构上的差异，用氧化铝柱分离两者；将穿心莲内酯制成亚硫酸氢钠加成物以增加其在水中的溶解性。

三、主要试剂及仪器

试剂：穿心莲叶粉末、乙醇、活性炭、三氯甲烷、甲醇、碳酸钠、苯、草酸、KOH、浓硫酸、盐酸、$NaHSO_3$、正丁醇、氨水、中性氧化铝、丙酮、高锰酸钾、$FeCl_3$、乙酸乙酯。

仪器：渗漉装置、圆底烧瓶、温度计、回流装置、硅胶薄层板、恒温水浴箱、循环水泵、色谱柱、层析缸、抽滤装置、旋光仪、紫外灯。

四、实验步骤

（一）实验流程

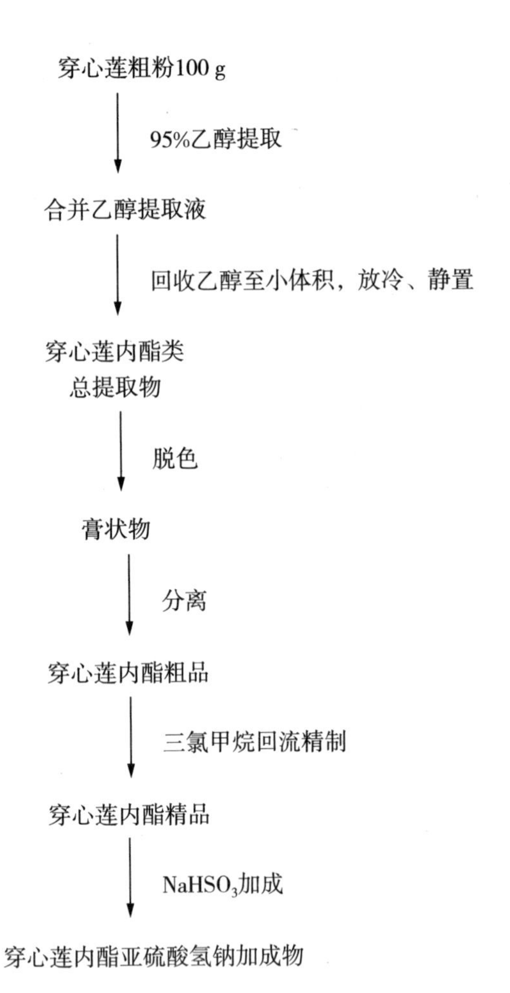

（二）实验步骤

1. 内酯类成分的提取

（1）提取

① 渗漉法：取穿心莲全草租粉 100 g，加 1～1.5 倍量 95％乙醇拌匀，30 分钟后装入渗漉筒内，加 95％乙醇至刚过药粉 1～2 cm，浸泡 24 小时后开始渗漉，控制流速 1～2 mL/min，收集 10 倍量的渗漉液（V/W），将提取液回收至 400 mL 左右，即为内酯类成分总提取物。

② 冷浸法：称取穿心莲粗粉 100 g，加 95%乙醇 800 mL 冷浸 24 小时，过滤，往药渣中加 400 mL 乙醇，同法冷浸 1 次，合并浸出液，浓缩至适量，即为内酯类成分总提取物。

③ 回流提取法：称取穿心莲粗粉 100 g，置于圆底烧瓶中，加 95%乙醇至浸过药粉 2 cm，回流 1 小时，过滤，往药渣中再加适量乙醇回流 2 次，每次 1 小时，过滤，合并 3 次滤液，回收至总体积的 1/5 量，放冷，即为内酯类成分总提取物。

（2）脱色

① 活性炭法：将上述内酯类成分总提取物加入原料量的 15%～20%活性炭中，加热回流 30 分钟，再将脱色后的溶液浓缩至 15～20 mL 左右，放置析晶。

② 稀醇法：将上述内酯类成分总提取物调整含醇量为 30%，放置 12～24 小时，析出叶绿素和部分内酯，倾出上清液，用布滤除叶绿素，并用少量 30%乙醇洗涤 2 次，合并洗液与滤液，得浅棕色液体，回收乙醇至无醇味，冷后析出膏状物，分离膏状物。

2. 分离、精制

（1）穿心莲内酯的分离

① 结晶法：将活性炭脱色后的浓缩液放置析晶，滤取结晶，并用少量水洗涤即得穿心莲内酯粗品（含少量脱氧穿心莲内酯）。母液待分离脱氧穿心内酯。

② 萃取法：往由稀醇法脱色得到的膏状物中，加入 100 mL 三氯甲烷，加热回流使其溶解，冷却后倒入分液漏斗中，加入一定量的水振摇，放置 24 小时以上，分为三层，上层为水层，中层为不溶物层，下层为三氯甲烷层，分取中间一层，用少量丙酮洗涤黏稠物，即为穿心莲内酯部分。干燥即为穿心莲内酯粗品。

（2）穿心莲内酯的精制：

① 乙酸乙酯法：往粗穿心莲内酯结晶中加 60 倍量乙酸乙酯（*V*/*W*），加热回流 30 分钟，过滤不溶物再加 40 倍量乙酸乙酯，加热回流 30 分钟，过滤，合并 2 次滤液，回收乙酸乙酯至 1/4 量，室温放置析晶，滤取白色颗粒状结晶，即为穿心莲内酯精品，进行薄层鉴定。

② 丙酮法：往粗品穿心莲内酯结晶中加 40 倍量丙酮，加热回流 10 分钟，过滤，合并 2 次丙酮液，回收丙酮至三分之一量，放置析晶，滤取白色颗粒状结晶，即为穿心莲内酯精品，作薄层鉴定。

③ 三氯甲烷法：往穿心莲内酯粗品中加入 3 倍量三氯甲烷，回流 2 小时，过滤。不溶物用 15 倍量 95%乙醇重结晶（必要时再用 1%活性炭脱色 30 分钟）即得穿心莲内酯精品，作薄层鉴定。

（3）脱氧穿心莲内酯分离

将结晶法析出的穿心莲内酯母液或萃取法的下层三氯甲烷及三氯甲烷法精

制穿心莲内酯时的三氯甲烷回流液，水浴蒸发至稠膏状，再加三氯甲烷 70 mL。尽力搅拌后滤出三氯甲烷层，往残渣中再加三氯甲烷 10 mL 同法处理，合并 2 次滤液，水浴回收至 5 mL，将此浓缩液通过氧化铝柱（2 cm×30 cm）。用中性氧化铝约 30～35 g，湿法装柱，用三氯甲烷洗脱，控制流速为 2～3 mL/min，每份 10 mL，约收 12～15 份。各馏分浓缩后薄层鉴定，合并相同馏分，蒸干三氯甲烷，用丙酮结晶 2 次，得白色结晶，即为脱氧穿心莲内酯，做薄层鉴定。

3. 穿心莲内酯亚硫酸氢钠加成物的制备

取穿心莲内酯精制品 0.5 g，置于 50 mL 圆底烧瓶中，加 95%乙醇 5 mL 及计算量的 4%的亚硫酸氢钠水溶液，加热回流 30 分钟，接入蒸发皿中蒸发至无醇味，再加 5 mL 水溶解，冷却后过滤，滤液用少量三氯甲烷洗涤 3 次，水层减压蒸至近干。加乙醇 10～20 mL 溶解，滤除不溶物，乙醇溶液浓缩放置或抽干，得白色粉末。测熔点（m. p. 226～227 ℃或分解）。

HO O O HO CH_2OH + $NaHSO_3$ → HO O O SO_3Na HO CH_2OH

4. 鉴定

（1）穿心莲内酯的鉴定

① 物理常数：m. p. 230～232 ℃。

② 薄层色谱：

吸附剂：硅胶 G－CMC 板。

展开剂：三氯甲烷-无水乙醇（20∶1）。

显色剂：碘蒸气。

结果：穿心莲内酯在常量下为 1 个斑点。

③ 显色反应

a. 亚硝酰铁氰化钠碱液反应（Legal Reagent）：取穿心莲内酯结晶少许放在比色板（白色穴磁板）上，加乙醇 0.2 mL 溶解，加 0.3%亚硝酰铁氰化钠溶液 2 滴，10%的氢氧化钠溶液 2 滴。

b. 3，5－二硝基苯甲酸碱液反应（Kedde Reagent）：取穿心莲内酯结晶少许，于比色板上，加乙醇0.2 mL溶解，加3，5-二硝基苯甲酸碱液2滴，呈紫色。

c. 50%氢氧化钾醇试剂反应：穿心莲内酯结晶遇氢氧化钾甲醇溶液呈紫色。

d. 浓硫酸的反应：穿心莲内酯遇浓硫酸呈橙红色。

④ 穿心莲内酯中脱氧穿心莲内酯的限量检查

样品的制备：取10 mg精制穿心莲内酯溶于2 mL丙酮中。

薄层板的制备：取色谱用硅胶G-CMC适量加2.8倍量水调糊后，铺于10 cm×15 cm板上，晾后105 ℃活化30分钟。

点样：用微量注射器吸取样品，依次点5、10、15、20、25、30六个点及标准品一个点，用三氯甲烷-无水乙醇（20∶1）展开。

显色：展开后，取出薄层板，挥去溶剂后于碘缸内显色，5分钟内，30 μL处可微显脱氧穿心莲内酯斑点，25 μL处不得显脱氧穿心莲内酯斑点。

（2）脱氧穿心莲内酯的鉴定

① 测熔点：m.p. 175～176.5 ℃。

② 薄层鉴定：条件同穿心莲内酯。

（3）穿心莲内酯亚硫酸氢钠加成物的鉴定。

① 测熔点：m.p. 226～227 ℃。

② 薄层鉴定

吸附剂：硅胶G-CMC板。

展开剂：①三氯甲烷-甲醇（9∶1）；②三氯甲烷-正丁醇-甲醇（2∶1∶2）③三氯甲烷-丙酮-乙醇-水（5∶5∶5∶1）。

显色剂：3，5-二硝基苯甲酸碱性溶液。

样品：①穿心莲内酯乙醇液；②穿心莲内酯亚硫酸氢钠加成物。

结果：用展开剂①，样品②留在原点；用展开剂②、③，样品①移至前沿，样品②的 R_f 值在0.5左右。

五、注意事项

1. 穿心莲内酯类化合物为二萜内酯，性质不稳定，易于氧化、聚合而树脂化。因此提取用的穿心莲原料应是当年产品，在保存运输过程中应注意防潮，否则内酯含量明显下降。

2. 提取时，如用热乙醇温浸或加热回流提取，能同时提出大量叶绿素、树脂以及无机盐等杂质，而导致析晶和精制较为困难，因此本实验可采用冷浸法提取。

3. 穿心莲内酯与亚硫酸氢钠加成反应摩尔比为1∶1，但亚硫酸氢钠溶液不稳定，故在临用前现配制，且用量稍大于理论计算为宜。

六、思考题

1. 当穿心莲的8种穿心莲内酯类成分共存时可采用什么方法将它们分离?

2. 如何用化学法确定所得的二萜内酯是苷还是苷元?

3. 穿心莲内酯为水难溶性成分，用什么方法可制备水溶性的穿心莲内酯衍生物?

实验六　秦皮中香豆素类化合物的提取、分离及鉴定

一、实验目的

1. 掌握回流提取秦皮香豆素类成分的方法。

2. 学习脂溶性成分和水溶性成分的分离方法。

3. 了解香豆素类成分的一般性质和鉴别反应。

二、实验原理

(一) 概述

秦皮为木樨科白蜡树属植物白蜡树（Fraxinus Chinensis Poxb）或苦枥白蜡树（F. rhynchophylla Hance）或小叶白蜡树（F. bungeana DC）的树皮，味苦，性微寒。具有清热、燥湿、收涩作用。主治温热痢疾、目赤肿痛等症。

秦皮中含有多种香豆素类成分及皂苷、鞣质等，其中主要有七叶苷、七叶内酯、秦皮苷及秦皮素等。秦皮中成分多有抗菌消炎的生理活性，七叶内酯对细菌性痢疾、急性肠炎有较好治疗效果，兼有退热作用，毒副作用小，几无苦味，适于小儿服用。

主要化学成分的结构和物理性质如下：

1. 七叶苷（Esculin，又名七叶灵、秦皮甲素）

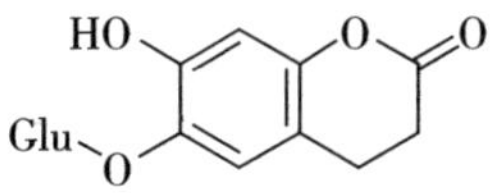

七叶苷为针状体（热水），熔点为204～206 ℃，为倍半水合物，难溶于冷水，溶于沸水、热乙醇、甲醇、吡啶、乙酸乙酯和醋酸。

2. 七叶内酯（Esculetin，又名七叶苷元、秦皮乙素）

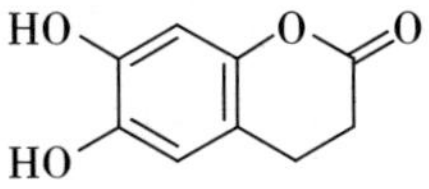

七叶内酯为棱状结晶（冰醋酸），叶状结晶（真空升华得），m. p. 268～270 ℃，溶于稀碱显蓝色荧光，尚溶于热乙醇及冰醋酸，几乎不溶于乙醚和沸水。

3. 秦皮苷（Fraxin，又名白蜡树苷、梣皮苷）

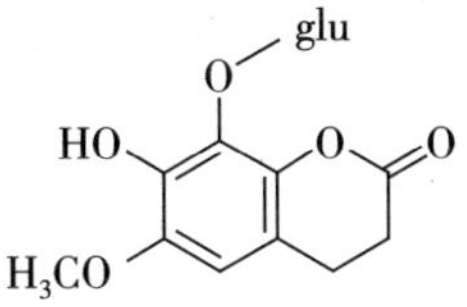

秦皮苷水合物为黄色针状结晶，无水物为白色粉末，m. p. 206 ℃（165 ℃软化），微溶于水，易溶于热水及热乙醇，不溶于乙醚。

4. 秦皮素（Fraxetin，又名秦皮亭、白蜡树内酯）

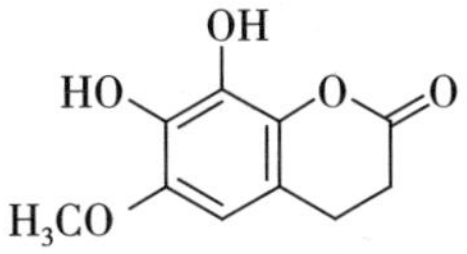

秦皮素为片状结晶（乙醇水溶液），m. p. 227～228 ℃（230～232 ℃），溶于乙醇，微溶于乙醚及沸水。

（二）实验原理

七叶苷和七叶内酯均为香豆素类化合物，能在乙醇中溶解，故采用乙醇提取，再利用七叶苷极性大于七叶内酯极性，用乙酸乙酯分离。利用乙醇提取出的脂溶性杂质，可用三氯甲烷萃取除去。根据七叶苷和七叶内酯结构上的差别进行鉴别。

三、主要试剂和仪器

试剂：秦皮粗粉、乙醇、氯仿、乙酸乙酯、无水硫酸钠、甲醇、1% $FeCl_3$ 溶液、浓氨水、硅胶 G、甲酸乙酯、甲苯、七叶苷和七叶内酯对照品。

仪器：索氏提取器、旋转蒸发仪、SHB-循环水式多用真空泵、分液漏斗（250 mL）、HHS 型电热恒温水浴锅、玻璃仪器气流烘干器、圆底烧瓶（1000 mL）、ZF-2 型三用紫外仪、电热恒温干燥箱、移液管（10 mL、5 mL）。

四、实验步骤

（一）实验流程

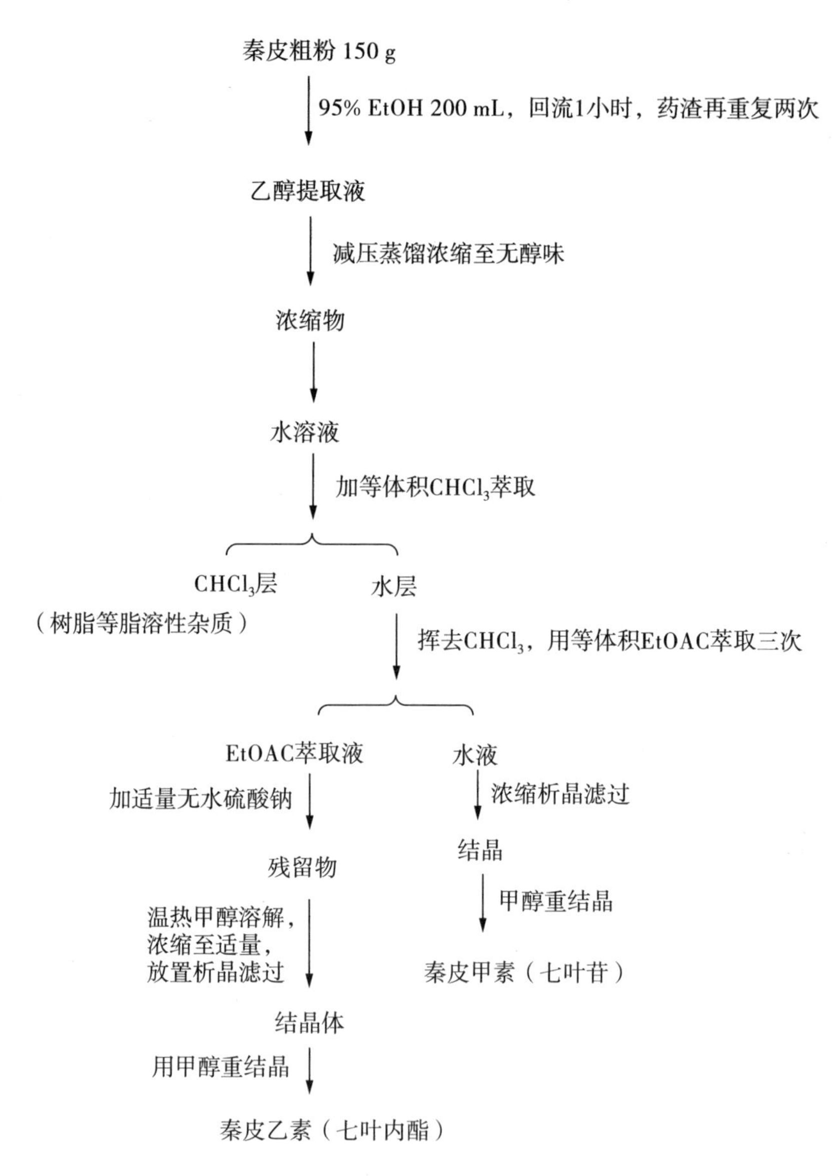

（二）实验步骤

1. 乙醇总提取物的制备

取秦皮粗粉 150 g，用 200 mL 95％乙醇水浴回流（90 ℃）提取 1 h，对于药渣再重复提取两次，合并乙醇液，减压回收乙醇（45～50 ℃）至无醇味，得浓缩物。

2. 分离

在浓缩物中加 40 mL 水，加热溶解，将水溶液转移至分液漏斗中，加入三氯甲烷（40 mL×3）萃取，不断振摇放置，去除树脂等脂溶性杂质。取三氯甲烷萃取得到的水层，加入乙酸乙酯（40 mL×3）萃取，合并乙酸乙酯液，即为亲脂性成分的提取液，水层为亲水性成分。

（1）秦皮甲素（七叶苷）的分离

将上述乙酸乙酯萃取得到的水层浓缩至适量，放置析晶，过滤得到晶体。用甲醇反复重结晶，得秦皮甲素（七叶苷），作鉴识用。

（2）秦皮乙素（七叶内酯）的分离

将上述的乙酸乙酯液用无水硫酸钠脱水，减压回收溶剂至干，残留物溶于温热甲醇中浓缩至适量，放置析晶，过滤得到晶体。用甲醇反复重结晶，得秦皮乙素（七叶内酯），作鉴识用。

3. 鉴识

（1）色谱法鉴定

① 支持剂：硅胶 GTLC

对照品：2%秦皮甲素、秦皮乙素标准品甲醇液

样品：1%秦皮甲、乙素甲醇液

展开剂：三氯甲烷-甲醇-甲酸（6∶1∶0.5）

显色剂：三氯化铁-铁氰化钾（1∶1）试液。

（2）定性反应

① 荧光反应

取秦皮甲、乙素的甲醇溶液，用毛细管将其滴在滤纸上，在紫外灯下观察荧光的颜色，在原斑点上滴加 1 滴 NaOH 观察荧光的变化。

② 内酯环的颜色反应——异羟肟酸铁实验

取秦皮甲、乙素少许分别置于两支试管中，加入盐酸羟胺甲醇溶液 2～3 滴，再加 1%的 NaOH 溶液 2～3 滴，在水浴中加热数分钟，至反应完全，待冷却后用盐酸调 pH 为 3～4，加 1% $FeCl_3$ 试剂 1～2 滴，观察颜色。

③ 酚羟基的颜色反应

三氯化铁反应：取样品少许，加入适量乙醇溶解，再加入三氯化铁试剂 2～3 滴，观察颜色。

④ 秦皮苷（甲素）的显色反应（Molish 反应）

取样品少许，用乙醇溶解。再取试液 1 mL，加入等体积的 10% α-萘酚乙醇

液，摇匀，滴加 2～3 滴浓硫酸，观察颜色。

五、注意事项

本实验主要利用七叶苷和七叶内酯在乙酸乙酯中的溶解性不同而将二者分离。

六、思考题

1. 七叶苷和七叶内酯在结构和性质上有何异同点？
2. 试说明各显色反应的机制。
3. 通过提取分离秦皮中的七叶苷和七叶内酯，两相溶剂萃取法的原理是什么？萃取操作中若发生乳化应如何处理？
4. 如何利用薄层色谱法判断提取分离的结果？

实验七　薄层层析展开剂的选择

一、实验目的

1. 掌握薄层层析的操作方法。
2. 了解展开剂与吸附剂和被分离物质三者之间的关系。

二、实验原理

薄层层析在一般情况下是一种吸附层析，利用吸附剂对化合物吸附能力的不同而达到分离不同物质的目的，吸附剂吸附能力的大小和化合物极性的大小有关。在硅胶等极性吸附剂薄层上化合物极性大，被吸附剂吸附得牢，R_f 值小；反之化合物极性小，R_f 值大。一个化合物在硅胶薄层上的 R_f 值的大小主要取决于展开剂的极性大小，即展开剂极性大，化合物 R_f 值大；展开剂极性小，化合物 R_f 值小。

三、主要试剂及仪器

试剂：薄荷油、薄荷脑的乙醇溶液、石油醚、乙酸乙酯、香草醛、浓硫酸。

仪器：硅胶 CMC－Na 薄层板三块、毛细管、层析缸、显色喷嘴瓶。

四、实验内容

硅胶薄层层析法检查挥发油

吸附剂：硅胶 CMC－Na 薄层板

样品：薄荷油、薄荷脑的乙醇溶液

展开剂：石油醚、乙酸乙酯、石油醚：乙酸乙酯（85：15）

显色剂：香草醛-浓硫酸试剂

操作：取 CMC－Na 薄层板，用软铅笔在距 1.2～2 cm 处画起始线及原点，用毛细管点适量的样品溶液，待溶剂挥干后，进行上行法展层，当展开剂接近顶部时，取出，用铅笔绘下溶剂前沿，挥干展开剂，喷洒显色剂，必要时可适当加热促进显色。计算薄荷脑的 R_f 值，并比较在三种展开剂中的展开情况，由结果判断何种展开剂最适合分离薄荷油，亦可用压板法显色。

五、注意事项

1. 实验用各展开剂试瓶、量筒、层析缸必须干燥无水，不能混淆。

2. 压板法操作：点样展层后，稍干，反扣在一块同样大小并涂布一层显色剂的玻璃板上，再将玻璃片反转，使薄层面向上，观察颜色变化。

六、思考题

1. 在硅胶薄层板上用石油醚、乙酸乙酯、石油醚：乙酸乙酯（85：15）三种展开剂分别展开挥发油时，结果不同，其原因是什么？

2. 进行薄层层析鉴定时，应如何选择一个比较理想的层析条件？

第四章　药剂学实验

实验一　乙酰水杨酸片的制备及质量评价

一、实验目的

1. 了解片剂常用辅料。
2. 熟悉单冲压片机的工作原理及使用方法。
3. 掌握湿法制粒压片的工艺流程。
4. 掌握片剂质量评价的内容及方法。

二、实验原理

片剂作为临床应用最广泛的剂型之一，具有质量稳定、使用方便、生产自动化程度高等优点。片剂的常见制备方法分为直接压片法和制粒压片法，制粒压片法又可以根据制粒方式进一步分为湿法制粒压片法和干法制粒压片法。其中，湿法制粒压片法制得的颗粒质量较好、外形美观、耐磨性强、压缩成型性好，在医药生产中应用最为广泛。传统的湿法制粒压片生产工艺流程图如图 4－1 所示。

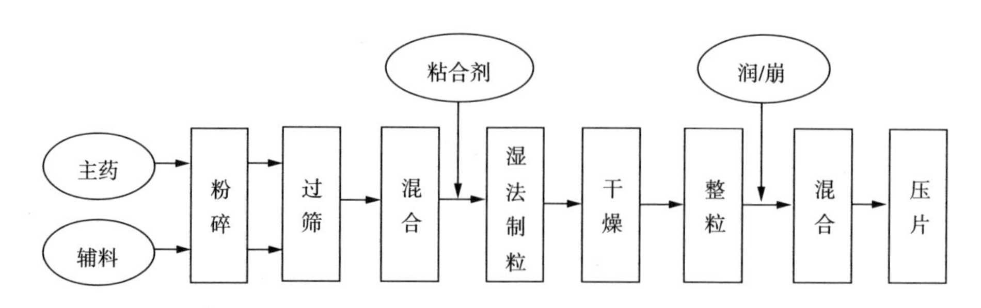

图 4－1　传统的湿法制粒压片生产工艺流程图

（1）原辅料的处理：对于处方所列原辅料一般应根据其物理性质，选用不同的机械进行粉碎、过筛等预处理操作，再将原辅料混合均匀。实验室小量生产的粉碎工具一般采用研钵，混合操作则在等量递增混合基础上，反复通过 40 目筛网三次达到混合均匀的目的。

（2）湿法制粒：将上述混合均匀的原辅料置于适当容器中，加入适量黏合剂制成软材（其软硬程度以“手握成团，轻压即散”为宜），再通过手掌强压过筛制得均匀的湿颗粒。其中，黏合剂的选择依据药物本身的结合能力而定，生产上广泛使用的黏合剂包括淀粉浆、乙醇、HPMC 水溶液等。

（3）干燥、整粒：将制备好的湿颗粒干燥，干燥的温度由物料的性质而定，一般为 50～60 ℃，对于湿热稳定者，干燥温度可适当提高。干燥后的颗粒常黏联结团，需再进行过筛整粒使结团颗粒分散。整粒后加入适量润滑剂和需外加法加入的崩解剂，混合均匀即可压片。其中，制粒一般选取 14～16 目筛，整粒选取 18～20 目筛。

（4）压片：使用单冲压片机进行压片。

单冲压片机是一种小型台式电动（手动）连续压片的机器，可将各种粉状或颗粒状原料压制成片，适合实验室小规模生产用。在压片机上装冲模，物料的充填深度、压片厚度均可调节，并且可根据实际需要安装各种形状的模具，满足实际生产需要。具有适应性强、使用方便、易于维修、体积小、重量轻等优点。

单冲压片机工作时，下冲的冲头由模圈下端进入模圈中模孔，封住中模孔孔底，利用加料斗向中模孔中填充药物粉末，上冲的冲头从中模孔上端进入中模孔，并下行一定距离，将药粉压制成片；随后上冲上升出孔，下冲上升将药片顶出中模孔，完成一次压片过程；下冲下降到原位，准备再一次填充，如此反复循环，其工作原理图如图 4－2 所示。

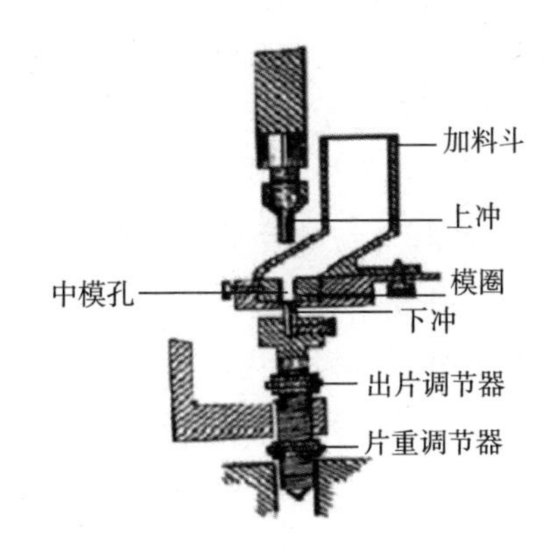

图 4－2　单冲压片机工作原理图

在片剂的生产过程中，除了要对处方及生产工艺进行控制外，还必须严格按照《中华人民共和国药典（2020 年版，四部）》（以下简称“中国药典”）中有关规定对制得的片剂进行相应检查，经检查合格后才可供临床使用。主要的检查项目包括：外观、重量差异、硬度与脆碎度、崩解时间、含量均匀度、溶出度和释放度等。

本实验以乙酰水杨酸为原料药，采用湿法制粒压片法将其制备成乙酰水杨酸片，并进行质量检查。乙酰水杨酸在微量水分或金属存在的条件下极易水解，影响片剂质量，因此在生产过程中应采取相应措施，以制得稳定性好、质量高的乙酰水杨酸片。

三、主要试剂和仪器

试剂：乙酰水杨酸、淀粉、羧甲淀粉钠、酒石酸、滑石粉。

仪器：单冲压片机、14 目尼龙筛、16 目尼龙筛、研钵、电子天平、片剂硬度脆碎度测定仪、升降式崩解仪、溶出仪。

四、实验步骤

1. 乙酰水杨酸片的制备

【处方】

乙酰水杨酸　　15 g

淀粉　　25 g

羧甲淀粉钠　　0.5 g

酒石酸　　0.1 g

10%淀粉浆　　适量

滑石粉　　适量

【制法】称取适量淀粉制成 10%淀粉浆，称取处方量乙酰水杨酸、淀粉、羧甲淀粉钠、酒石酸，混合均匀，加入 10%淀粉浆制成软材，过 16 目筛制湿颗粒，然后将湿颗粒置于 50～60 ℃烘箱中干燥，以 14 目筛整粒，称重，加入 0.5%滑石粉，混合均匀后使用单冲压片机压片，使每片片重 0.3 g。

2. 乙酰水杨酸片的质量检查

(1) 外观

片剂外观应完整光洁，色泽均匀。

(2) 重量差异

取 20 片乙酰水杨酸片，精密称定重量并求得平均片重，再分别精密称定每片的重量，按照片重差异计算公式计算片重差异，应符合《中国药典》对片重差异限度的要求。

片重差异（%）＝［（单个片重－平均片重）/平均片重］×100%

【附注】

片剂重量差异限度（见表 4－1，《中国药典》）。

表 4－1　片重差异限度

片剂的平均重量/g	重量差异限度
0.30 以下	±7.5%
0.30 或 0.30 以上	±5%

（3）硬度

分别采用指压法、自然坠落法、片剂硬度脆碎度测定仪测定乙酰水杨酸片的硬度并检验是否合格，一般普通片剂的硬度要求在 50 N 以上，抗张强度在 1.5～3.0 MPa 为好。

（4）脆碎度

参照《中国药典》收载的片剂脆碎度检查法，采用片剂硬度脆碎度测定仪进行乙酰水杨酸片脆碎度测定，并检验是否合格。

取 20 片药片，精密称定总重量，放入振荡器中震荡，到规定时间后取出，用筛子筛去细粉和碎粒，称重后计算脆碎度。

脆碎度＝细粉和碎粒的重量/原料片总重×100％＝（原料片总重－测试后药片重）/原料片总重×100％

一般要求片剂脆碎度不得超过 1％。

（5）崩解时间

参照《中国药典》收载的崩解时限检查法，采用升降式崩解仪进行乙酰水杨酸片崩解时间测定并检验是否合格。

取药片 6 片，分别置于六管吊篮的玻璃管中，每管各加 1 片。准备工作完毕后，进行崩解测定，各片均应在 15 min 内全部溶散或崩解成碎片粒，并通过筛网。如残存有小颗粒不能通过筛网时，应取 6 片复试，并在每管加入药片后随加入挡板各 1 块，按上述方法检查，应在 15 min 内全部通过筛网。

五、注意事项

1. 制备软材时黏合剂以逐渐滴加的形式加入，切忌一次加入大量黏合剂，同时注意控制粘合剂加入量，以“手握成团，轻压即散”为宜。

2. 湿颗粒干燥时，干燥温度控制在 50～60 ℃，颗粒不要铺得过厚，以免干燥时间过长、颗粒局部温度过高导致药物受热破坏。

3. 为了防止金属离子催化乙酰水杨酸水解，制备过程中应使用尼龙筛，润滑剂不宜选用硬脂酸镁。

4. 进行片剂质量检查时随机选取样品。

5. 脆碎度检查时可以用吹风机吹去片剂表面细粉及碎粒，但注意温度不宜过高。

六、思考题

1. 试对上述处方进行处方分析。

2. 本实验中羧甲淀粉钠的加入方式属于哪一种？除了本实验的加入方式外，

羧甲淀粉钠的加入方式还有哪些？不同的加入方式具有哪些目的？

3. 处方中酒石酸的加入目的是什么？是否可以用其他辅料替代？

4. 片剂的崩解时限合格，是否还需测定其溶出度？

5. 片重差异和脆碎度检查的目的分别是什么？

实验二　溶液型和乳剂型液体制剂的制备

一、实验目的

1. 了解溶液型与乳剂型液体制剂中常用附加剂的正确使用方法。

2. 掌握溶液型与乳剂型液体制剂制备过程的各项基本操作方法。

二、实验原理

液体制剂系指药物分散在适宜的分散介质中制成的可供内服或外用的液体形态的制剂，通常是将药物以不同的分散方法和不同的分散程度分散在适宜的分散介质中制成。药物以分子状态分散在介质中形成均相液体制剂，如溶液剂、高分子溶液剂等；药物以微粒状态分散在介质中形成非均相液体制剂，如溶胶剂、乳剂、混悬剂等。

溶液型液体制剂是指小分子药物分散在溶剂中制成的均匀分散的供内服或外服用液体制剂。溶液的分散相分子直径小于 1 nm，均匀、澄明并能通过半透膜。常用溶剂为水、乙醇、丙二醇、甘油或其混合液、脂肪油等。属于溶液型液体制剂的有：溶液剂、芳香水剂、甘油剂、酯剂、糖浆剂等。溶液型液体制剂的制备方法有三种，即溶解法、稀释法和化学反应法。增溶与助溶是增加难溶性药物在水中溶解度的有效手段之一。如利用碘化钾与碘形成络合物，制得浓度较高的碘制剂；采用聚山梨酯-80 增加薄荷油的溶解度。

乳剂是两种互不相溶的液体混合，其中一相液体以液滴状态分散于另一相液体中形成的非均相分散体系。乳剂的分散相液滴直径一般在 0.1～10 um。由于表面积大，表面自由能大，因而具有热力学不稳定性，为此常需加入乳化剂才能使其稳定。乳化剂通常为表面活性剂，其分子中的亲水基团和亲油基团所起作用的相对强弱可以用 HLB 值来表示。HLB 值高者，亲水基团的作用较强，即亲水性较强；反之，HLB 值低者，亲油基团的作用较强，则亲油性较强。制备少量乳剂时多在研钵中进行或于瓶中振摇，大量制备时可用搅拌器、乳匀机、胶体磨或超声波乳化器等器械。

液体制剂品种多，临床应用广泛，它们的性质、理论和制备工艺在药剂学中占有重要地位。

三、主要试剂及仪器

试剂：碘、碘化钾、蔗糖、花生油、石灰水、薄荷油、聚山梨酯-80、豆油。
仪器：烧杯、玻璃棒、容量瓶、精制棉、研钵。

四、实验步骤

1. 溶液型液体制剂的制备

（1）复方碘溶液的制备

【处方】碘 1 g，碘化钾 2 g，纯化水（加至 20 mL）。

【制法】取处方量碘化钾，加纯化水适量，配成浓溶液，再加入处方量碘搅拌溶解后，添加适量的纯化水，使溶液成 20 mL，即得。

【附注】碘化钾为助溶剂，溶解碘化钾时尽量少加水，以增大其浓度，有利于碘的溶解和稳定。

（2）单糖浆的制备

【处方】蔗糖 17 g，纯化水（加至 20 mL）。

【制法】取纯化水 10 mL 煮沸，加蔗糖搅拌溶解后，继续加热至 100 ℃，用精制棉过滤，滤器用适量蒸馏水洗净，洗液与滤液合并，放冷，加适量蒸馏水，使全量成 20 mL，搅拌均匀，即得。

（3）薄荷水的制备

【处方】薄荷油 0.1 mL，聚山梨酯-80 0.6 mL，纯化水（加至 50 mL）。

【制法】取处方量薄荷油，加入处方量聚山梨酯-80 搅匀，加纯化水适量至 50 mL，搅匀，即得。

【附注】聚山梨酯-80 为增溶剂，应先与薄荷油充分搅匀，再加水溶解，以发挥增溶作用，加速溶解过程。

2. 乳剂型液体制剂的制备

（1）石灰搽剂的制备

【处方】花生油 10 mL，石灰水 10 mL。

【制法】量取花生油及石灰水各 10 mL，两液合并，振摇，即得。

【附注】本品为乳黄色稠厚液体。花生油有滑润、保护创面作用，可用茶油、菜油、麻油等植物油代替。石灰水具有杀菌、收敛作用。

（2）豆油乳剂的制备

【处方】豆油 6 mL，聚山梨酯-80 3 mL，纯化水（加至 50 mL）。

【制法】取处方量聚山梨酯-80 与豆油共置于干燥研钵中，研磨均匀，加少量纯化水继续研磨，形成初乳，继续加入纯化水适量至 50 mL，搅匀，即得。

五、注意事项

1. 为加快药物溶解，宜将碘化钾加适量纯化水配制成浓溶液，然后加入碘溶解。应特别注意加水量不能过多，一般不超过 10 mL，以免溶液浓度太低难以助溶。

2. 碘具有强氧化性、腐蚀性和挥发性，称取时应用玻璃器皿，不能用称量纸称取，更不能直接置于天平托盘上称量，以防腐蚀天平；称取后不宜长时间露置在空气中；碘溶液应贮存于密闭玻璃塞瓶内，不得直接与木塞、橡皮塞及金属接触。

3. 单糖浆制备时加热温度不宜过高，时间不宜过长，以防蔗糖焦化和转化糖过多影响质量。同时，加热时间不宜太短，否则达不到灭菌效果。

4. 豆油乳剂制备时，研钵应洁净干燥。制备初乳时注意加水量和加水速度，研磨时应朝同一方向均匀用力直至初乳形成。

六、思考题

1. 复方碘溶液处方中，加入碘化钾的目的是什么？

2. 石灰搽剂的制备原理是什么？属于何种类型的乳剂？

3. 豆油乳剂处方中，乳化剂是什么？

实验三　软膏剂的制备

一、实验目的

1. 掌握不同类型软膏剂的制备方法。

2. 熟悉软膏剂中药物的加入方法。

二、实验原理

软膏剂指药物与适宜基质均匀混合制成的具有一定稠度的半固体外用制剂，涂布于皮肤、黏膜或创面，主要起保护、润滑和局部治疗作用。

软膏剂常用基质有：油脂性基质、水溶性基质和乳剂型基质，其中采用乳剂型基质制成的易于涂布的软膏剂亦称乳膏剂。不同类型的基质对药物的释放、吸收影响不同。

软膏的制备可根据药物和基质的性质、制备量及设备条件不同而分别采用研磨法、熔融法和乳化法制备。若软膏基质较软，在常温下通过研磨即可与药物均匀混合，则可用研磨法制备。若软膏基质熔点不同，在常温下不能与药物均匀混合，或药物能在基质中溶解，多采用熔融法。乳化法是制备乳膏剂的专用方法，系指将处方中油脂性和油溶性组分一并加热熔化，作为油相，保持油相温度在80 ℃左右；另将水溶性组分溶于水，并加热至与油相相同温度，或略高于油相温度，油、水两相混合，不断搅拌，直至乳化完成并冷凝。

三、主要试剂及仪器

试剂：水杨酸、液体石蜡、白凡士林、羧甲基纤维素钠、甘油、苯甲酸钠、硬脂酸、单硬脂酸甘油酯、羊毛脂、吐温 80、纯化水。

仪器：恒温水浴锅、研钵等。

四、实验步骤

1. 油脂性基质软膏的制备

【处方】

水杨酸	1.0 g
液体石蜡	3.0 g
白凡士林	加至 20.0 g

【制法】取水杨酸置于研钵中，加入液体石蜡研成糊状，分次加入凡士林，研匀即得。

2. 水溶性基质软膏的制备

【处方】

水杨酸	1.0 g
羧甲基纤维素钠	1.2 g
甘油	2.0 g
苯甲酸钠	0.1 g
纯化水	15 mL

【制法】取羧甲基纤维素钠置于研钵中，加入甘油研匀，然后边研匀边加入溶有苯甲酸钠的水溶液，待溶胀后研匀，即得水溶性基质。取水杨酸置于研钵中，分次加入制得的水溶性基质，研匀即得。

3. O/W 型乳化剂基质软膏的制备

【处方】

水杨酸	2.0 g
硬脂酸	4.8 g

单硬脂酸甘油酯	2.8 g
白凡士林	0.4 g
羊毛脂	2.0 g
液体石蜡	2.4 g
吐温 80	0.16 g
纯化水	加至 40.0 g

【制法】取硬脂酸、单硬脂酸甘油酯、白凡士林、羊毛脂和液体石蜡置于烧杯中，水浴加热至 80 ℃左右，搅拌使熔化，得油相。另取吐温 80 和纯化水置于另一烧杯中，于水浴上加热至约 80 ℃，搅拌均匀，得水相。在同温下，将水相以细流加入油相中，并于水浴上不断沿同一方向搅拌形成乳白色半固体状，再在室温下搅拌至近冷凝，得 O/W 型乳化剂基质。取水杨酸置于研钵中，分次加入上述基质，研匀即得。

五、注意事项

1. 采用乳化法制备乳剂基质时，油相和水相应分别水浴加热并保持温度 80 ℃，然后将水相以细流缓缓加入油相中，边加边不断沿同一方向搅拌。

2. 乳剂基质的类型取决于乳化剂的类型、水相与油相的比例等因素。例如，乳化剂虽为 O/W 型，但处方中水相的量比油相量少时，往往难以得到稳定的 O/W 型乳剂，会因转相而生成 O/W 型乳剂基质。

3. 乳剂基质处方中，有时存在少量辅助乳化剂，目的在于增加乳剂的稳定性。

六、思考题

1. 软膏剂制备过程中药物的加入方法有哪些?
2. 影响软膏剂中药透皮吸收的因素主要有哪些?
3. 不同类型软膏基质的作用特点是什么?

实验四　栓剂的制备

一、实验目的

1. 了解栓剂常规质量检查。
2. 熟悉各类栓剂基质的性质及特点。
3. 掌握热熔法制备栓剂的原理及过程。

二、实验原理

栓剂系指药物与适宜基质制成的具有一定形状、供腔道给药的半固体制剂，目前常用的主要有直肠栓、尿道栓和阴道栓三种。栓剂的基质具有赋形和赋性的作用，按溶解性可分为油脂性基质和水溶性基质。常用油脂性基质包括可可豆脂、半合成脂肪酸酯等，常用水溶性基质包括甘油、明胶、聚乙二醇、泊洛沙姆等。为了提高栓剂质量，处方中还会加入附加剂，如为了利于脱模、使栓剂外观光洁，制备栓剂时栓模应涂以润滑剂，此外在某些栓剂中会加入表面活性剂使药物易于释放和被机体吸收。

栓剂的制备方法分为挤压成型法和模制成型法两种。挤压成型法也称冷压法，系先将药物与基质粉末置于冷容器内混合均匀，然后通过模具挤压成一定形状，得到栓剂。模制成型法也称热熔法，是目前生产上应用最广泛的方法，系将药物均匀分散于经水浴加热融化的基质内，然后将混合液倾入已冷却并涂有润滑剂的栓模中，冷却，待完全凝固后用刀削去溢出部分，开启栓模，晾干，包装，得到栓剂。具体工艺流程为：基质熔化→加入药粉混匀→注模→冷却成型→削去溢出部分→脱模→质检→包装。

栓剂中的药物与基质应充分混合均匀，栓剂在常温下应具有适宜硬度与韧性，无刺激性，熔点应接近人体体温（约 37 ℃），塞入腔道后，应能融化、软化或溶化，并与分泌液混合，逐渐释放出药物，产生局部或全身作用。制备栓剂时环境应洁净，用具、容器需经适宜方法清洁或灭菌，原料和基质也应根据使用部位，按卫生学的要求，进行相应的处理。

三、主要试剂及仪器

试剂：甘油、碳酸钠、硬脂酸、液状石蜡。

仪器：栓模、蒸发皿、研钵、水浴、电炉、天平、刀片、烧杯、包装纸、蒸馏水等。

四、实验步骤

【处方】甘油 16.0 g，碳酸钠 0.4 g，硬脂酸 1.6 g，蒸馏水 2.0 g，制成肛门栓 6 枚。

【制法】取碳酸钠与蒸馏水置于蒸发皿内，搅拌溶解，加甘油混合后水浴加热，同时缓缓加入硬脂酸并不断搅拌，待泡沫停止、溶液澄明后，注入已涂有润滑剂（液状石蜡）的栓模中，冷却，削去溢出部分，脱模，即得。

【功能与主治】本品为缓下药，有缓和通便作用，用于治疗便秘。

五、注意事项

1. 本品中，硬脂酸与碳酸钠反应生成的钠肥皂具有刺激性，同时甘油具有较高的渗透压，两者可以促进肠蠕动从而达到泻下的目的。硬脂酸与碳酸钠的化学反应式为：$2C_{17}H_{35}COOH + Na_2CO_3 \rightarrow 2C_{17}H_{35}COONa + CO_2\uparrow + H_2O$

2. 制备栓剂时，硬脂酸应少量分次加入，使之与碳酸钠充分反应。同时，直至泡沫停止、溶液澄明、皂化反应完全后，才能停止加热。

3. 皂化反应产生的二氧化碳必须除尽，否则影响栓剂的剂量和外观。

4. 注模前应将栓模预热（80 ℃左右），使冷却缓慢进行，如冷却过快，成品的硬度、弹性、透明度均受影响。

六、思考题

1. 怎样除尽皂化反应产生的二氧化碳？

2. 栓剂的质量检查内容包括哪些？

实验五　微球的制备

一、实验目的

1. 掌握交联固化法制备明胶微球的方法。

2. 了解交联固化法制备明胶微球的原理。

二、实验原理

微球是指药物分散或被吸附于高分子聚合物基质中形成的微小球状实体，其粒径一般为1～300 μm。控制微球的大小，可使微球具有物理栓塞性、靶向性、缓释与长效性，从而提高药物的治疗效果。

微球属于制剂中间体，通常先将药物制备成微球，再根据需要制备成合适的剂型如注射剂等，供临床使用。

用于包裹药物的外膜材料称为囊材。对囊材的基本要求是：①性质稳定；②有适宜的释药速度；③无毒、无刺激性；④能与药物配伍，不影响药物的药理作用及含量测定；⑤有一定的强度、弹性及可塑性，能完全包封囊心物；⑥具有符合要求的黏度、渗透性、亲水性、溶解性等。制备微球常用囊材包括：①天然高分子材料（明胶、阿拉伯胶、海藻酸盐、壳聚糖等）；②半合成高分子材料（羧甲基纤维素钠、甲基纤维素 MC、乙基纤维素 EC、羟丙基甲基纤维素 HPMC 等)；③合成高分子材料（聚乳酸 PLA 等）。

制备微球的常用方法包括：乳化分散法、凝聚法和聚合法。其中乳化分散法又分为加热固化法、交联剂固化法和溶剂蒸发法。加热固化法系指利用蛋白质受热凝固的性质，在 100～180 ℃的条件下加热使乳化剂的内相固化，分离制备微球的方法。交联剂固化法系指对于一些遇热易变质的药物，采用化学交联剂如甲醛、戊二醛、丁二酮等使乳剂的内相固化，分离而制备微球的方法。溶剂蒸发法系指将不溶性载体材料和药物溶解在油相中，再分散于水相中形成 O/W 型乳液，蒸发内相中的有机溶剂，从而制得微球的方法。

本实验采用交联剂固化法制备可用于肺部靶向的空白明胶微球。

三、主要试剂及仪器

仪器：水浴锅、减压抽滤器、研钵、烧杯、玻璃棒。

试剂：明胶、甲醛、NaOH、异丙醇、蓖麻油、司盘 80。

四、实验步骤

【处方】

明胶溶液	1.5 mL
蓖麻油	20 mL
司盘 80	0.5 mL
36%甲醛-异丙醇混合液	20 mL
20%氢氧化钠	适量

【制法】

(1) 明胶溶液的制备：称取明胶 3 g，用蒸馏水适量浸泡待膨胀后，加蒸馏水至 20 mL，搅拌溶解（必要时可微热助其溶解），备用。

(2) 36%甲醛-异丙醇混合液的制备：按 36%甲醛：异丙醇为 3∶5 的体积比配制 20 mL，混合均匀，即得。

(3) 明胶微球的制备：量取蓖麻油 20 mL，置于 50 mL 的烧杯中，在 50 ℃恒温条件下搅拌，滴加 (1) 中制备的明胶溶液 1.5 mL、司盘 80 约 0.5 mL，将乳剂冷却至约 0 ℃，加入甲醛-异丙醇混合液 20 mL，搅拌 15 min，用 20%氢氧化钠溶液调节 pH 至 8～9，继续搅拌约 lh，过滤，用少量异丙醇溶液洗涤微球至无甲醛气味，抽干，即得。

五、注意事项

1. 成乳阶段的搅拌速度可影响微球的大小。

2. 加入36%甲醛-异丙醇混合液，甲醛易透过油层，使W/O型乳剂固化。

六、思考题

1. 制备明胶微球的关键是什么？影响微球粒径大小以及分布的因素有哪些？
2. 制备中甲醛的作用是什么？

实验六　混悬剂的制备

一、实验目的

1. 掌握混悬剂的一般制备方法。
2. 熟悉助悬剂、润湿剂等在混悬剂中的应用。

二、实验原理

混悬剂为不溶性固体药物微粒分散在液体分散介质中形成的非均相体系，可供口服、注射或局部外用。优良的混悬剂应符合下列质量要求：

(1) 外观细腻，分散均匀、不结块；

(2) 颗粒的沉降速度慢，沉降容积比 F（V/V_o）愈大，混悬剂愈稳定；

(3) 颗粒沉降后，经振摇易再分散，以保证均匀、分剂量准确。

混悬剂的稳定剂一般分为三类：助悬剂、润湿剂以及絮凝剂与反絮凝剂。

混悬剂的制备方法有分散法和凝聚法。其中分散法为主要制备方法，其流程为：

固体药物→粉碎→润湿→分散→助悬、絮凝→质检→分装

将固体药物粉碎成所需粒度的微粒，再根据药物的性质混悬于分散介质中并加入适宜的稳定剂。对于亲水性药物，可先干燥粉碎至一定的细度，再加入处方中的液体进行研磨；对于疏水性药物，可先加入一定量的润湿剂或高分子溶液与药物研磨，使药物颗粒润湿，在颗粒表面形成水化膜，再加液体研磨至所需要求，最后加分散介质至足量，即得。

三、主要试剂及仪器

试剂：炉甘石、氧化锌、甘油、西黄蓍胶、三氯化铝、枸橼酸钠、纯化水。

仪器：具塞量筒、坐标纸、研钵、烧杯。

四、实验步骤

(一) 炉甘石洗剂四处方实验比较（表 4-2）

表 4-2　炉甘石洗剂

处方	1	2	3	4
炉甘石（7 号粉）	4 g	4 g	4 g	4 g
氧化锌（7 号粉）	4 g	4 g	4 g	4 g
甘油	5 mL	5 mL	5 mL	5 mL
西黄蓍胶		0.5%		
三氯化铝			0.5%	
枸橼酸钠				0.5%
纯化水	加至 50 mL	加至 50 mL	加至 50 mL	加至 50 mL
制法	先在炉甘石、氧化锌中加甘油研成细糊状，逐渐加纯化水至足量	同 1，再加入西黄蓍胶（西黄蓍胶需先用乙醇分散）	同 1，再加入三氯化铝水溶液	同 1，再加入枸橼酸钠水溶液

注：炉甘石与氧化锌应分别研细后再混匀，加甘油和适量水进行研磨，加水的量以成糊状为宜，太干或太稀影响研磨效果。

(二) 混悬剂质量检查及稳定剂效果评价

1. 沉降容积比的测定

将按四处方制成的炉甘石洗剂分别倒入有刻度的具塞量筒中，密塞，用力振摇 1 分钟，记录混悬液的开始高度 H_0，并放置，按表 4-3 所规定的时间测定沉降物的高度 H，按式（沉降容积比 $F=H/H_0$）计算各个放置时间的沉降容积比。沉降容积比在 0～1，其数值越大，混悬剂越稳定。

表 4-3　炉甘石洗剂 2 h 内的沉降容积比（H/H_0）

处方	1	2	3	4
5 min				
15 min				
30 min				
1 h				
2 h				

2. 再分散实验

将上述放有炉甘石洗剂的具塞量筒放置一定时间（48 小时或者 1 周后，也可依条件而定），使其沉降，然后将具塞量筒倒置翻转（一反一正为一次），并将筒底沉降物重新分散所需翻转的次数记于表 4－4 中。所需翻转的次数越少，则混悬剂再分散性越好。若始终未能分散，表示结块亦应记录。

表 4－4　炉甘石洗剂再分散实验数据

处方	1	2	3	4
翻转次数				

五、注意事项

优良的混悬剂应药物颗粒细微、分散均匀、沉降缓慢；沉降后颗粒不结块，稍加振摇后能均匀分散；黏度适宜，易倾倒，且不粘瓶壁。

六、思考题

1. 比较四种处方的炉甘石洗剂质量有何不同？并分析其原因。
2. 影响混悬剂稳定性的因素有哪些？

实验七　凝胶剂的制备

一、实验目的

1. 掌握凝胶剂的一般制备方法。
2. 了解凝胶剂的质量评定方法。

二、实验原理

凝胶剂系指由药物与适宜辅料制成的均一、混悬或乳状液形的稠厚液体或半固体制剂。凝胶剂有油性和水性之分。水性凝胶剂具有美观、使用舒适、生物利用度高、稳定性好、不良反应少、不污染衣着等优点，成为近年来发展较快的剂型。水性凝胶剂的基质一般由水、甘油或丙二醇与纤维素衍生物、卡波姆等构成。

水性凝胶剂按使用部位的不同可分为皮肤外用凝胶、鼻用凝胶、眼用凝胶、直肠凝胶、口服凝胶等。目前国内上市的水性凝胶主要有抗菌药、非甾体抗炎药、抗过敏药、抗病毒药、抗真菌药、局部用药及皮肤科常用药等。

本实验主要介绍两种水性凝胶剂基质的制备方法。

三、主要试剂及仪器

试剂：卡波姆940、乙醇、甘油、聚山梨酯-80、羟苯乙酯、氢氧化钠、羧甲纤维素钠、三叔丁醇。

仪器：研钵、烧杯、玻璃棒。

四、实验步骤

1. 以卡波姆为基质水凝胶

【处方】

卡波姆940	1 g
乙醇	5 g
甘油	5 g
聚山梨酯-80	0.2 g
羟苯乙酯	0.05 g
氢氧化钠	0.4 g
蒸馏水	加至100 g

【制法】

将卡波姆940、甘油、聚山梨酯-80与30 mL蒸馏水混合，将氢氧化钠溶于10 mL蒸馏水后加入上液搅匀，再将羟苯乙酯溶于乙醇后逐渐加入搅匀，加蒸馏水至全量，搅匀即得透明凝胶基质。

2. 以纤维素衍生物为基质水凝胶

【处方】

羧甲纤维素钠	1 g
甘油	3 g
三叔丁醇	0.1 g
蒸馏水	加至20 g

【制法】

取羧甲纤维素钠与甘油研匀，加入热蒸馏水中，放置使溶胀形成凝胶，然后加入三叔丁醇水溶液，并加水至20 g，搅匀，即得。

五、注意事项

1. 卡波姆为白色疏松粉末，具有较强的引湿性，遇水易溶胀，须预留时间让其在水中充分溶解。

2. 羧甲纤维素钠易分散于水中形成透明状溶胶，在乙醇等有机溶剂中不溶。

六、思考题

1. 水性凝胶基质具有哪些优点？
2. 凝胶剂的质量要求有哪些？

第五章　药物分析实验

实验一　化学原料药及其制剂的质量检验——阿司匹林

一、实验目的

1. 了解阿司匹林原料药的鉴别方法。
2. 了解阿司匹林溶液澄清度和游离水杨酸的检测方法。
3. 掌握利用返滴定法测定阿司匹林片中阿司匹林含量的原理和方法。

二、实验原理

（一）鉴别

1. 与铁盐的反应

此反应为芳环上酚羟基的反应。水杨酸及其盐在中性或弱酸性条件（pH＝4～6）下，与三氯化铁试液反应，生成紫堇色配位化合物。但在强酸性溶液中配位化合物分解。

2. 水解反应

阿司匹林与碳酸钠试液加热发生水解反应，生成水杨酸钠及醋酸钠，加入过量的稀硫酸酸化后，析出白色水杨酸沉淀，并发生醋酸的气味。水杨酸沉淀物于100～105 ℃干燥后测定其熔点为156～161 ℃。

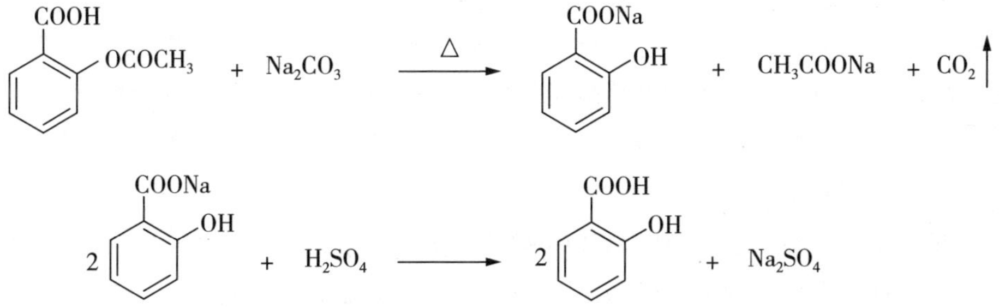

$$C_6H_4(COOH)(OCOCH_3) + Na_2CO_3 \xrightarrow{\Delta} C_6H_4(COONa)(OH) + CH_3COONa + CO_2\uparrow$$

$$2\,C_6H_4(COONa)(OH) + H_2SO_4 \longrightarrow 2\,C_6H_4(COOH)(OH) + Na_2SO_4$$

$$2CH_3COONa + H_2SO_4 \longrightarrow 2CH_3COOH + Na_2SO_4$$

$$6\,C_6H_4(COOH)OH + 4FeCl_3 \longrightarrow \left[Fe\left(C_6H_4(COO^-)O^-\right)_2\right]_3Fe + 12HCl$$

本反应极为灵敏，只需取稀溶液进行试验；若样品量大，产生颜色过深，可加水稀释后观察。阿司匹林可在加热水解后与三氯化铁试液反应，呈紫堇色。

（二）特殊杂质检查

1. 阿司匹林的合成工艺

$$C_6H_5ONa \xrightarrow[\triangle]{CO_2} C_6H_4(COONa)ONa \xrightarrow{H^+} C_6H_4(COOH)OH$$

$$C_6H_4(COOH)OH + (CH_3CO)_2O \longrightarrow C_6H_4(COOH)OCOCH_3 + CH_3COOH$$

2. 检查

（1）溶液的澄清度

检查碳酸钠试液中不溶物。不溶物杂质有未完全反应的酚类，或水杨酸精制时由于温度过高，产生脱羧副反应的苯酚，以及合成工艺过程中由副反应生成的醋酸苯酯、水杨酸苯酯和乙酰水杨酸苯酯等。这些杂质均不溶于碳酸钠试液，而阿司匹林可溶解。利用溶解行为的差异，一定量阿司匹林在碳酸钠试液中溶解液澄清来加以控制。

（2）游离水杨酸

生产过程中乙酰化不完全或贮藏过程中水解产生的水杨酸对人体有毒性，而且分子中酚羟基在空气中逐渐被氧化成一系列醌型有色物质，如淡黄、红棕甚至深棕色，使阿司匹林成品变色。检查的原理是利用阿司匹林结构中无酚羟基，不能与高铁盐作用，而水杨酸可与高铁盐作用呈紫堇色，与一定量水杨酸对照液生成的色泽比较，从而控制游离水杨酸的限量。该方法灵敏，可检出 1 μg 水杨酸。

（三）含量测定

利用返滴定法测定阿司匹林片中阿司匹林的含量。

除了阿司匹林片中加入少量酒石酸或枸橼酸稳定剂外，制剂工艺过程中也可能有水解产物（如水杨酸、醋酸）产生，因此不能采用直接滴定法，而是先中和与供试品共存的酸，再在碱性条件下水解阿司匹林后测定，由于测定分两步进行，故称为两步滴定法。

反应为：

$$\text{C}_6\text{H}_4(\text{COONa})(\text{COOCH}_3) + \text{NaOH} \longrightarrow \text{C}_6\text{H}_4(\text{COONa})(\text{OH}) + \text{CH}_3\text{COONa}$$

$$2NaOH + H_2SO_4 \longrightarrow Na_2SO_4 + 2H_2O$$

三、主要试剂和仪器

试剂：阿司匹林、三氯化铁试液（取三氯化铁 9 g，加水使溶解成 100 mL，即得）、碳酸钠试液（取无水碳酸钠 10.5 g，加水使溶解成 100 mL，即得）、稀硫酸（取硫酸 57 mL，加水稀释至 1000 mL，即得）、乙醇、硫酸铁铵指示液（取硫酸铁铵 8 g，加水 100 mL 使溶解，即得）、冰醋酸、酚酞指示液、氢氧化钠滴定液（0.5 mol/L）、硫酸滴定液（0.25 mol/L）。

仪器：电炉、烧杯、玻璃棒、天平、研钵、锥形瓶、滴定管。

四、实验步骤

（一）鉴别

1. 与铁盐的反应

取本品约 0.1 g 于烧杯中，加水 10 mL，置于电热套中煮沸至完全水解，冷却至室温，滴加三氯化铁试液一滴，显紫堇色。

2. 水解反应

取本品约 0.5 g 于烧杯中，加入碳酸钠试液 10 mL，在电热套上煮沸 2 min，冷却至室温，加入过量的稀硫酸，即有白色沉淀析出，并产生醋酸的气味。

（二）特殊杂质检查

取本品 0.1 g，加乙醇 1 mL 溶解后，加冷水适量使成 50 mL，立即加新制的稀硫酸铁铵溶液［取盐酸溶液（9→100）1 mL，加硫酸铁铵指示液 2 mL 后，再加水适量使成 100 mL］1 mL，摇匀；30 s 内如显色，与对照液［精密称取水杨酸 0.1 g，加水溶解后加冰醋酸 1 mL，摇匀，再加水使成 1000 mL，摇匀；精密量取 1 mL 上述水杨酸溶液，加乙醇 1 mL，水 48 mL，加入上述新制的稀硫酸铁铵溶液 1 mL，摇匀］比较，不得更深。其限量为 0.1 %。

(三) 含量测定

取本品 10 片，精密称定，研细，精密称取适量（含阿司匹林约 1.5 g），加氢氧化钠滴定液（0.5 mol/L）50.0 mL，缓缓煮沸 10 分钟，加酚酞指示液，用硫酸滴定液（0.25 mol/L）滴定过量的氢氧化钠，并将滴定结果用空白试验校正。每 1 mL 氢氧化钠滴定液（0.5 mol/L）相当于 45.04 mg 的 $C_9H_8O_4$。

五、注意事项

1. 稀硫酸铁铵溶液临用新配。
2. 含量测定时，注意滴定管的正确使用：洗净、少量滴定液荡洗；检漏；排滴定管尖端气泡；每次从零刻度滴定，消除滴定管的刻度误差。

六、思考题

1. 药品质量检验工作的基本程序是什么？
2. 与化学原料药的质量分析相比，制剂的质量分析有何特点？
3. 阿司匹林原料与阿司匹林片在质量检验方面有哪些不同之处？为何不同？

实验二　苯甲酸钠的质量分析

一、实验目的

1. 掌握苯甲酸钠原料药的检验分析方法。
2. 掌握双相滴定法测定苯甲酸钠含量的原理和操作。

二、实验原理

苯甲酸钠（$C_7H_5NaO_2$）为有机酸的碱金属盐，显碱性，可用盐酸标准液滴定。

$$\text{COONa} + \text{HCl} \longrightarrow \text{COOH} + \text{NaCl}$$

在水溶液中滴定时，由于碱性较弱（$pK_b = 9.80$），突跃不明显，因此加入与水不相溶的乙醚，提取反应生成物苯甲酸，使反应定量完成，同时也避免了苯甲酸在瓶中析出影响终点的观察。

三、主要试剂与仪器

试剂：$FeCl_3$试液、盐酸溶液（0.5 mol/L）、硫酸滴定液（0.05 mol/L）、NaOH 滴定液（0.1 mol/L）、酚酞指示剂、乙醚、甲基橙指示剂。

溶液配制如下。

盐酸溶液（0.5 mol/L）：精密量取约 21.5 mL 浓盐酸，置于 500 mL 容量瓶中，加水稀释至刻度，摇匀，即得。

硫酸滴定液（0.05 mol/L）：精密量取约 1.36 mL 浓盐酸，置于 500 mL 容量瓶中，加水稀释至刻度，摇匀，即得。

NaOH 滴定液（0.1 mol/L）：精密称取约 0.4 g NaOH，置于 100 mL 容量瓶中，加水溶解后稀释至刻度，摇匀，即得。

仪器：分析天平、试管、滴管、25 mL 烧杯、25 mL 容量瓶、分液漏斗、100 mL 具塞锥形瓶、20 mL 量筒、25 mL 酸式滴定管。

四、实验步骤

1. 鉴别

取供试品的中性溶液（称取约 0.4 g 苯甲酸钠，溶解于 10 mL 水中），加 $FeCl_3$试液，即生成赤褐色沉淀；再加稀盐酸，变为白色沉淀。

2. 检查

取本品 1.0 g，加水 20 mL 溶解后，加酚酞指示液 2 滴；如显淡红色，加硫酸滴定液（0.05 mol/L）0.25 mL，淡红色应消失；如无色，加 NaOH 滴定液（0.1 mol/L）0.25 mL，应显淡红色。

3. 含量测定

取本品约 0.75 g，精密称定，置于分液漏斗中，加水 15 mL，乙醚 25 mL 与甲基橙指示液 2 滴，用 0.5 mol/L 盐酸溶液滴定，随滴随振摇，至水层显橙红色，分取水层，置具塞锥形瓶中，乙醚层用水 5 mL 洗涤，洗液并入锥形瓶中，加乙醚 10 mL，继续用盐酸滴定液（0.5 mol/L）滴定，随滴随振摇，至水层显持续的橙色，1 mL 盐酸滴定液（0.5 mol/L）相当于 72.06 mg 的 $C_7H_5NaO_2$。计算公式为：

$$C_7H_5NaO_2\% = \frac{FV \times 72.06 \times 10^3}{\text{供试品重}} \times 100\% \qquad (5-1)$$

式中：F——浓度校正因素；

V——盐酸滴定液消耗体积。

五、注意事项

1. 滴定时应充分振摇，使生成的苯甲酸转入乙醚层。

2. 在振摇和分取水层时，应避免样品的损失，滴定前，应用乙醚检查分液漏斗是否严密。

3. 分液漏斗用前检漏，振摇提取时宜倾斜分液漏斗 150°，并不时排气。

4. 为了防止先加样品后加水的操作会使样品积聚在分液漏斗底部而不易全部溶解，可于分液漏斗中先加水，再加样品。

5. 滴定速度要慢，振摇要充分，尤其近终点时，每加 1 滴，均应充分振摇，以保证在两相间达到平衡。

6. 至水层与醚层分层后，再分取水层，并注意将水层全部分出，以免造成损失。

7. 滴定终点偏酸性，须选择在酸性条件下变色的指示剂甲基橙。

8. 乙醚回收。

六、思考题

1. 乙醚为什么要分两次加入？第一次滴定至水层显持续橙红色时，是否已达终点？为什么？

2. 分取水层后乙醚层用 5 mL 水洗涤的目的是什么？

实验三　葡萄糖的一般杂质检查

一、实验目的

1. 葡萄糖的鉴别试验。

2. 掌握一般杂质检查的目的和原理。

3. 熟悉杂质检查的操作方法。

二、实验原理

1. 鉴别试验：醛基或酮基具有还原性，在碱性酒石酸铜（Fehling 试液）中还原铜成氧化亚铜。无水葡萄糖、葡萄糖注射液、葡萄糖氯化钠注射液均用此法鉴别。

2. 酸碱度检查：用药典规定的方法对药物中的酸度、碱度及酸碱度等酸碱性进行检查。检查时应以新沸并放冷至室温的水为溶剂。不溶于水的药物，可用中性乙醇等有机溶剂溶解。常用的方法有酸碱滴定法、指示剂法以及 pH 值测定法。

3. 氯化物检查法：氯化物在硝酸溶液中与硝酸银作用，生成氯化银沉淀而显白色浑浊，与一定量的标准氯化钠溶液和硝酸银在同样条件下用同法处理生成的氯化银浑浊程度相比较，测定供试品中氯化物的限量。

反应离子方程式：$Cl^- + Ag^+ \longrightarrow AgCl\downarrow$（白色）

4. 铁盐检查法：三价铁盐在硝酸酸性溶液中与硫氰酸盐生成红色可溶性的硫氰酸铁离子，与一定量标准铁溶液（用同法处理后）进行比色。

反应离子方程式：$Fe^{3+} + 3SCN^- \longrightarrow Fe(SCN)_3$（红棕色）

三、主要试剂与仪器

试剂：NaOH 滴定液、稀硝酸、稀盐酸、硝酸银溶液、标准氯化钠溶液、硫氰酸铵溶液、比色用原液等。

溶液配制如下。

1. 酚酞指示液：取酚酞 1 g，加乙醇 100 mL 使溶解，即得。

2. 氢氧化钠滴定液（0.02 mol/L）。

3. 稀硝酸：取硝酸 10.5 mL，加水稀释至 100 mL，即得。本液含 HNO_3 应为 9.5%～10.5%。

4. 稀盐酸：取盐酸 23.4 mL，加水稀释至 100 mL，即得。本液含盐酸分数应为 9.5%～10.5%。

5. 硝酸银溶液（0.1 mol/L）：称取 1.75 g 硝酸银，溶于 100 mL 水中。

6. 标准氯化钠溶液（$[Cl^-]$ =10 μg/mL）：称取氯化钠 0.165 g，置于 1000 mL 量瓶中，加水适量使溶解并稀释至刻度，摇匀，作为贮备液。临用前，精密量取贮备液 10 mL，置于 100 mL 量瓶中，加水稀释至刻度，摇匀，即得（每 1 mL此溶液中含 10 μg 的 Cl^-）。

7. 碘试液 1 滴：取碘 13.0 g，加碘化钾 36 g 与水 50 mL 溶解后，加盐酸 3 滴与水适量使成 1000 mL，摇匀，用垂熔玻璃器滤过。

8. 硫氰酸铵溶液：取硫氰酸铵 30 g，加水使溶解成 100 mL，即得。

9. 标准铁溶液（2.0 mL）：称取硫酸铁铵 $[FeNH_4(SO_4)_2 \cdot 12H_2O]$ 0.863 g，置于 1000 mL 量瓶中，加水溶解后，加硫酸 2.5 mL，用水稀释至刻度，摇匀，作为贮备液。临用前，精密量取贮备液 10 mL，置于 100 mL 量瓶中，加水稀释至刻度，摇匀，即得（每 1 mL 此溶液中含 10 μg 的 Fe）。

10. 比色用原液

(1) 比色用重铬酸钾溶液：取重铬酸钾，研细后，在 120 ℃干燥至恒重，精密称取 0.40 g，置于 500 mL 量瓶中，加适量水溶解并稀释至刻度，摇匀，即得。每 1 mL 溶液中含 0.800 mg 的 $K_2Cr_2O_7$。

(2) 比色用硫酸铜液：取硫酸铜约 32.5 g，加适量的盐酸溶液（1→40）使溶解成 500 mL，精密量取 10 mL，置于碘量瓶中，加水 50 mL、醋酸 4 mL 与碘化钾 2 g，用硫代硫酸钠滴定液（0.1 mol/L）滴定，至近终点时，加淀粉指示液 2 mL，继续滴定至蓝色消失。每 1 mL 硫代硫酸钠滴定液（0.1 mol/L）相当于 24.97 mg 的 $CuSO_4 \cdot 5H_2O$。根据上述测定结果，在剩余的原溶液中加适量的盐酸溶液（1→40），使每 1 mL 溶液中含 62.4 mg 的 $CuSO_4 \cdot 5H_2O$，即得。

(3) 比色用氯化钴液：取氯化钴约 32.5 g，加适量的盐酸溶液（1→40）使溶解成 500 mL，精密量取 2 mL，置于锥形瓶中，加水 200 mL，摇匀，加氨试液至溶液由浅红色转变至绿色后，加醋酸-醋酸钠缓冲液（pH 6.0）10 mL，加热至 60 ℃，再加二甲酚橙指示液 5 滴，用乙二胺四醋酸二钠滴定液（0.05 mol/L）滴定至溶液显黄色。每 1 mL 乙二胺四醋酸二钠滴定液（0.05 mol/L）相当于 11.90 mg 的 $CoCl_2 \cdot 6H_2O$。根据上述测定结果，在剩余的原溶液中加适量的盐酸溶液（1→40），使每 1 mL 溶液中含 59.5 mg $CoCl_2 \cdot 6H_2O$，即得。

仪器：50 mL 比色管、量筒、50 mL 烧杯、普通电炉、水浴锅、分析天平等。

四、实验步骤

1. 鉴别试验

取本品约 0.2 g，加水 5 mL 溶解后，缓缓滴入温热的碱性酒石酸铜试液中，即生成氧化亚铜的红色沉淀。

2. 酸度

取本品 2.0 g，加水 20 mL 溶解后，加酚酞指示液 3 滴与氢氧化钠滴定液（0.02 mol/L）0.20 mL，应显粉红色。

3. 溶液颜色

取本品 5.0 g，加热水溶解后，放冷，用水稀释至 10 mL，溶液应澄清无色；如显浑浊，与 1 号浊度标准液比较，不得再浓；如显色，与 1.0 mL 加水稀释至 10 mL 的对照液（取比色用氯化钴液 3.0 mL、比色用铬酸钾液 3.0 mL 与比色用硫酸铜液 6.0 mL，加水稀释成 50 mL）比较，不得更深。

4. 氯化物

取本品 0.60 g，加水溶解使成 25 mL（如显碱性可滴加硝酸使遇石蕊试纸显中性反应)，再加稀硝酸 10 mL，溶液如不澄清，滤过。置于 50 mL 纳氏比色管中，加水适量使体积约 40 mL，摇匀，即得供试液。另取由标准氯化钠溶液制成的对照液 {取标准氯化钠溶液（[Cl^-] 10 μg/mL）6.0 mL 置 50 mL 纳氏比色管中，加稀硝酸 10 mL，用水稀释使成约 40 mL}。向供试液与对照液中分别加入硝酸银试液 1 mL，再加水适量使成 50 mL，摇匀，在暗处放置 5 分钟，同置于黑色背景上，比较浑浊，不得更浓（0.010%）。

5. 亚硫酸盐与可溶性淀粉

取本品 1.0 g，加水 10 mL 溶解后，加碘试液 1 滴，应即显黄色。

6. 铁盐

取本品 2.0 g，加水 20 mL 溶解后，加硝酸 3 滴，缓缓煮沸 5 分钟，放冷，加水稀释使成 45 mL，加硫氰酸铵溶液（30→100）3 mL，摇匀，如显色，与由标准铁溶液 2.0 mL 用同一方法制成的对照溶液比较，不得更深（0.001%）。

五、实验现象记录（见表 5-1）

表 5-1　实验数据记录

项目	执行标准	依据	结果	结论
鉴别试验	Chp2020	红色沉淀		
酸度	Chp2020	粉红色		
溶液颜色	Chp2020	如显色，不得深于对照管		
氯化物	Chp2020	如浑浊，不得深于对照管		
亚硫酸盐与淀粉	Chp2020	黄色		
铁盐	Chp2020	如显色，不得深于对照管		

六、注意事项

1. 纳氏比色管的选择与洗涤

比色或比浊操作，一般均在纳氏比色管中进行，因此在选用比色管时，必须注意使样品与标准管的体积相等，玻璃色质一致，最好不带任何颜色，管上的刻度均匀，如有差别，不得大于 2 mm。纳氏比色管用后应立即冲洗，比色管洗涤时避免用毛刷或去污粉等洗刷，以免管壁划出条痕影响比色或比浊。

2. 平行操作原则

进行比色时，样品液与对照液的实验条件应尽可能一致，严格按照操作步骤平行操作，按规定顺序加入试剂。比色、比浊前可利用手腕转动 360°的旋摇使比色管内试剂充分混匀。比色方法一般是将两管同置于白色背景上，从侧面观察；比浊方法是将两管同置于黑色或白色背景上，自上而下地观察。

3. 实验中应准确选用量具，杂质检查中允许的误差为±10%，量筒的绝对误差为1 mL，刻度吸管的绝对误差为0.01～0.1 mL，在实验中，应根据样品、标准液的取用量正确选用量器。例如，取标准液2 mL应选择刻度吸管或移液管吸取标准液。取样品2 g，允许的误差为0.2 g，可选用称量精度为0.1 g的普通天平。

4. 进行铁盐检查时，采用硝酸将Fe^{2+}氧化为Fe^{3+}，标准液应与样品液同法操作。样品液加硝酸煮沸时，应注意防止暴沸，必要时补充适量水。

5. 酸碱度检查用水必须是新煮沸放冷的水，应用刻度吸管量取酸碱滴定液。

七、思考题

1. 比色操作中应注意什么原则？
2. 是否所有药物都要对各种一般杂质进行检查？

实验四　紫外分光光度法测定复方磺胺嘧啶片含量

一、实验目的

1. 掌握双波长分光光度法消除干扰的原理和波长选择原则。
2. 掌握紫外-标准对照法测定药物含量及计算方法。
3. 熟悉紫外分光光度仪的构造和使用操作。

二、实验原理

复方磺胺嘧啶片系由磺胺嘧啶和甲氧苄啶组成的复方制剂。两者在紫外区有较强的吸收。在盐酸溶液（9→1000）中，磺胺嘧啶在308nm处有吸收，而甲氧苄啶在此波长处无吸收，故可在此波长处直接测定磺胺嘧啶的吸收度而求得含量。甲氧苄啶在277.4 nm波长处有较大吸收，而磺胺嘧啶在277.4 nm处与308 nm处有等吸收点。故可采用双波长法以277.4 nm为测定波长，308 nm为参比波长，测定甲氧苄啶在该两波长处的ΔA（$\Delta A=A_{277nm}-A_{308nm}$）值来计算含量。

三、主要试剂与仪器

试剂：磺胺嘧啶对照品、甲氧苄啶对照品、复方磺胺嘧啶片。

仪器：紫外分光光度仪、石英比色皿、100 mL 容量瓶、移液管。

四、实验步骤

复方磺胺嘧啶片

本品每片中磺胺嘧啶（$C_{10}H_{10}N_4O_2S$）应为 0.360～0.440 g，甲氧苄啶（$C_{14}H_{18}N_4O_3$）应为 45.0～55.0 mg。

[处方]

磺胺嘧啶	400g
甲氧苄啶	50g
制　成	1000片

[含量测定]

(1) 磺胺嘧啶（SD）

取本品 10 片，精密称定，研细，精密称取适量（约相当于磺胺嘧啶 0.2 g），置于 100 mL 量瓶中，加 0.4%氢氧化钠溶液适量，振摇使磺胺嘧啶溶解，并稀释至刻度，摇匀，滤过，精密量取滤液 2 mL，置于另一 100 mL 容量瓶中，加盐酸溶液（9→1000）稀释至刻度，摇匀，按照分光光度法，在 308 nm 的波长处测定吸收度；另取 105 ℃干燥至恒重的磺胺嘧啶对照品适量（0.2 g），精密称定，加 0.4%氢氧化钠溶液使 SD 溶解，并用 0.4% NaOH 稀释至 100 mL；精密量取该滴液 2 mL，置于另一 100 mL 容量瓶中，加盐酸溶液（9→1000）溶解并定量稀释制成每 1 mL 中约含 40 μg 的溶液，同法测定；计算，即得。

(2) 甲氧苄啶（TMP）

精密称取上述研细的细粉适量（约相当于甲氧苄啶 40 mg），置于 100 mL 量瓶中，加冰醋酸 30 mL 振摇使甲氧苄啶溶解，加水稀释至刻度，摇匀，滤过，取续滤液作为供试品溶液；另精密称取甲氧苄啶对照品 40 mg 与磺胺嘧啶对照品约 0.3 g，分置于 100 mL 量瓶中，各加冰醋酸 30 mL 溶解，加水稀释至刻度，摇匀，前者作为对照品溶液（1），后者滤过，取续滤液作为对照品溶液（2）。精密量取供试品溶液与对照品溶液（1）、（2）各 5 mL，分置于 100 mL 量瓶中，各加盐酸溶液（9→1000）稀释至刻度，摇匀，用分光光度法测定。取对照品溶液（2）的稀释液，以 308.0 nm 为参比波长 λ_1，在 277.4 nm 波长附近（每间隔 0.2 nm）选择等吸收点波长为测定波长（λ_2），要求 $\Delta A = A_{\lambda 2} - A_{\lambda 1} = 0$。再在 λ_2 和 λ_1 波长处分别测定供试品溶液的稀释液与对照品溶液（1）的稀释液的吸收度，求出各自的吸收度差值（ΔA），计算，即得。

五、注意事项

1. 石英比色皿的正确使用和吸光度校正。

2. 对于吸光度，读数三次，取平均值计算含量。

3. 读数后及时关闭光闸以保护光电管。

4. 片剂取样量应根据平均片重和片剂规格量，计算出来的相当于规定量主药的片粉重量（片粉重量＝平均片重/标示量×规定的取样量）。

5. 片剂的含量计算（相当于标示量的百分含量）。

六、思考题

1. 双波长分光光度法测定复方磺胺嘧啶片中甲氧苄啶含量的主要误差来源是什么?

2. 简述差示分光光度法消除干扰吸收、测定组分含量的基本原理。

实验五　亚硝酸钠滴定法测定芳伯氨基药物的含量

一、实验目的

1. 掌握亚硝酸钠滴定法的原理及方法。

2. 掌握永停滴定法指示终点的原理及操作。

二、实验原理

1. 药物

$$NH_2-C_6H_4-COOCH_2N(C_2H_5)_2 \cdot HCl$$

本品为盐酸普鲁卡因加氯化钠适量制成的等渗灭菌水溶液，含盐酸普鲁卡因应为标示量的 95.0%～105.0%。

2. 测定原理

永停滴定法又称死停滴定法、死停终点法。该法是把两个相同的铂电极插入滴定液中，在两个电极间外加一个小电压，观察滴定过程中通过两个电极间的电流突变，根据电流的变化情况来确定滴定终点。在未到滴定终点前，仅有很少或无电流通过，电流计指针不发生偏转或偏转后即回复到初始位置；但当到达滴定终点时，滴定液略有过剩，使电极去极化，发生如下氧化还原反应。

$$阴极\quad HNO_2 + H^+ + e^- \longrightarrow NO + H_2O$$

$$阳极\quad NO + H_2O \longrightarrow HNO_2 + H^+ + e^-$$

此时，溶液中即有电流通过，电流计指针突然偏转，并不再回复，即为滴定终点。因此，永停滴定法是容量分析中用以确定终点的一种方法。

盐酸普鲁卡因分子结构中具有芳伯氨基，在酸性条件下可与亚硝酸钠定量反应生成重氮化合物，可采用永停滴定法指示终点。

三、主要试剂与仪器

1. 硝酸钠滴定液（0.1 mol/L）

（1）制取：亚硝酸钠 7.2 g，加无水碳酸钠 0.10 g，加水适量使溶解成 1000 mL，摇匀。

（2）标定：取在 120 ℃干燥至恒重的基准对氨基苯磺酸约 0.5 g，精密称定，加水 30 mL 与浓氨试液 3 mL，溶解后，加盐酸（1→2）20 mL，搅拌，在 30 ℃以下用本液迅速滴定，滴定时将滴定管尖端插入液面下约 2/3 处，随滴随搅拌；至近终点时，将滴定管尖端提出液面，用少量水洗涤尖端，洗液并入溶液中，继续缓缓滴定，用永停法指示终点。每 1 mL 的亚硝酸钠滴定液（0.1 mol/L）相当于 17.32 mg 的对氨基苯磺酸。根据本液的消耗量与对氨基苯磺酸的取用量，算出本液的准确浓度即得。

如需用亚硝酸钠滴定液（0.05 mol/L），可取亚硝酸钠滴定液（0.1 mol/L）加水稀释制成。必要时标定浓度。

2. 仪器

永停滴定仪

四、实验步骤

精密量取本品适量（约相当于盐酸普鲁卡因 0.1 g），置于烧杯中，加水 40 mL 与盐酸溶液（1→2）15 mL，而后置于电磁搅拌器上，搅拌使溶解，再加溴化钾2g，插入铂-铂电极后，将滴定管的尖端插入液面下约 2/3 处，在 15～20 ℃，用亚硝酸钠滴定液（0.05 mol/L）迅速滴定，随滴随搅拌，至近终点时，将滴定管的尖端提出液面，用少量水淋洗尖端，洗液并入溶液中，继续缓缓滴定，至电流计指针突然偏转，并不再回复，即为滴定终点。每 1 mL 的亚硝酸钠滴定液（0.05 mol/L）相当于 13.64 mg 的 $C_{13}H_{20}N_2O_2 \cdot HCl$。

五、注意事项

1. 永停滴定仪仪器装置原理，如图 5－1 所示。

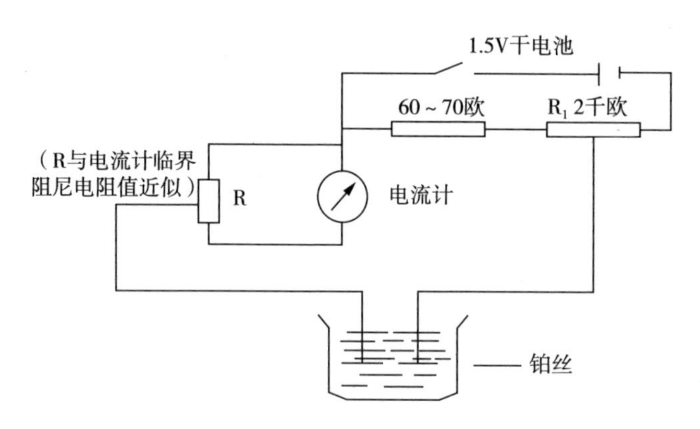

图 5－1　永停滴定仪仪器装置原理

2. 铂电极在使用前可用加有少量三氯化铁的硝酸或用铬酸清洁液浸洗活化。

3. 滴定时电磁搅拌的速度不宜过快，以不产生空气旋涡为宜。

4. 永停滴定仪仪器装置用作重氮化法的终点指示时，调节 R_1 使加于电极上的电压约为 50 mV。

六、思考题

1. 亚硝酸钠滴定法的基本原理是什么？

2. 有哪些影响重氮化反应速度的因素？为什么滴定时将滴定管插入液面下 2/3 处？

3. 永停滴定法与电位滴定法指示终点的原理有什么不同之处？

实验六　10％氯化钾注射液的含量测定

一、实验目的

1. 掌握药物折光率因素的测定方法。

2. 掌握折光率因素法测定药物含量方法及有关计算。

3. 熟悉阿贝折光计的使用方法及维修。

二、实验原理

根据药物浓度与折光率的关系式：

$$C = (n - n_0) / F \tag{5-2}$$

可知，计算药物的浓度，必须先测出药物在一定浓度（与所求供试品浓度接近）范围内的 F 值，然后再把 F 值代入式（5－2），根据测定的折光率（n）与同温度水的折光率（n_0），计算药物的浓度。

含量百分比计算公式：

$$C = (n - n_0) / F \tag{5-3}$$

标示量的百分比计算公式：

$$\text{氯化钾注射液标示量}\% = (n - n_0) / F / 10\% \tag{5-4}$$

《中国药典》规定本品含氯化钾（KCl）应为标示量的 95.0%～105.0%。

三、主要试剂与仪器

试剂：10%氯化钾注射液。

仪器：恒温水浴装置、容量瓶、分析天平、阿贝折光计。

四、实验方法

1. 校正仪器

按折光计用法中所述方法，用纯水校正仪器，如仪器已校正好，则可不校正。

2. 氯化钾折光率因素（F）的测定

（1）标准氯化钾溶液的配制：取 130 ℃干燥至恒重的氯化钾 5 g（或 2.5 g），精密称定，用水溶解后，转移至 50 mL（或 25 mL）容量瓶中并稀释至刻度，摇匀，即得。同法共配制五份标准氯化钾溶液。

（2）折光率的测定：用已校正好的阿贝折光计，按折光计用法中所述的测定方法，分别测定上述五份标准氯化钾溶液的折光率，并同时测定同温度水的折光率，填入药品检验原始记录中。分别计算氯化钾的折光率因素（F）值，并取其平均值为结果。

（3）计算公式：

$$F = (n - n_o) / c_{\text{标}} \tag{5-5}$$

3. 10%氯化钾折射液的含量测定

用已校正好的阿贝折光计，按折光计用法中所述的测定方法，测定氯化钾注射液的折光率，并同时测定同温度水的折光率。反复测定三次，取其平均值为结果。计算氯化钾溶液的含量或标示量的百分比。

五、注意事项

1. 测定时最好采用恒温水浴装置。如恒温水浴温度为 20 ℃，则测定时可不再测同温度水的折光率。

2. 测定标准溶液或供试液的折光率时，每份实验需要三次读数，三次读数相差不能大于 0.0002，取其平均值为测定的折光率。

3. 标准氯化钾溶液的浓度应尽量与被测供试品的浓度接近。测定时为了节约试剂，亦可改称约 1 g 氯化钾，置于 10 mL 的容量瓶中稀释至刻度。

4. 本实验所指的水，除另有规定外，均系指纯化水。

六、思考题

1. 折光率测定为什么要重复 3 次，取平均值为结果?

2. 配制标准溶液应用什么方法称量?

3. 供测折光率因素用的标准溶液的浓度若与供试品的浓度相差较大，有何影响?

实验七　葡萄糖氯化钠注射液的质量检查

一、实验目的

1. 了解药品鉴别、检查的目的和意义。

2. 掌握药品性状测定方法和性状的正确描述。

3. 掌握药品的常用鉴别方法和原理。

二、实验原理

本品为葡萄糖或无水葡萄糖与氯化钠的灭菌水溶液（45 g∶4.5 g∶500 mL）。

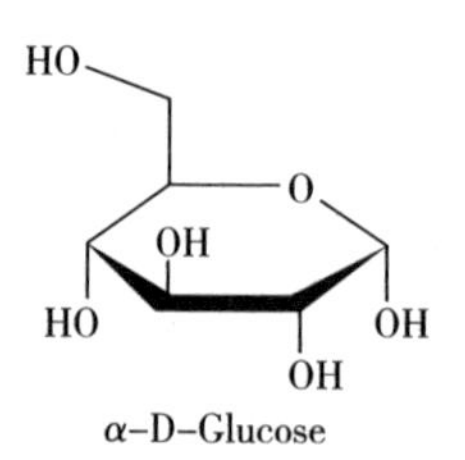

α-D-Glucose

(一) 性状

本品为无色的澄明液体。

(二) 制剂常规检查

(1) pH 值

酸度采用 pH 计法测定（pH 值为 3.5～5.5)。

(2) 5-羟甲基糠醛

葡萄糖在高温加热灭菌时，易分解产生 5-羟甲基糠醛，属于葡萄糖的杂质。5-羟甲基糠醛分子具共轭双烯结构，在 284nm 波长处有紫外吸收。

(3) 细菌内毒素

本品利用鲎试剂检测或量化革兰阴性菌产生的细菌内毒素，以判断供试品中细菌内毒素的限量是否符合规定。

(三) 含量测定

(1) 葡萄糖

葡萄糖分子结构中的五个碳都是手性碳原子，具有旋光性，可采用旋光法测定含量。

(2) 氯化钠

荧光黄指示剂是一种有机弱酸，用 HFIn 表示，它在溶液中解离出黄绿色的 FIn^- 阴离子。

滴定前：(呈黄绿色)

$$HFIn \rightleftharpoons H^+ + FIn^-$$

终点前：(仍然呈黄绿色)

$$(AgCl) \cdot Cl^- + FIn^-$$

终点时：

$$(AgCl) \cdot Ag^+ + FIn^- \longrightarrow (AgCl) \cdot Ag^+ \cdot FIn^-$$

(黄绿色)　　　　(粉红色)

三、主要试剂与仪器

试剂：硝酸银滴定液、荧光黄指示液、氨试液

仪器：量筒、容量瓶、pH 计、电子分析天平、旋光仪

溶液配制。

1. 硝酸银滴定液（0.1 mol/L）

（1）配制：取硝酸银 17.5 g，加水适量使溶解成 1000 mL，摇匀。

（2）标定：取在 110 ℃干燥至恒重的基准氯化钠约 0.2 g，精密称定，加水 50 mL 使溶解，再加环糊精溶液（1→50）5 mL，碳酸钙 0.1 g 与荧光黄指示液 8 滴，用本液滴定至浑浊液由黄绿色变为微红色。每 1 mL 硝酸银滴定液（0.1 mol/L）相当于 5.844 mg 的氯化钠。根据本液的消耗量与氯化钠的取用量，算出本液的浓度，即得。

2. 荧光黄指示液

取荧光黄 0.1 g，加乙醇 1000 mL 使溶解，即得。

3. 氨试液

量取浓氨溶液 400 mL，置于 1000 mL 容量瓶中，加水稀释至刻度。

四、实验步骤

（一）鉴别

（1）葡萄糖

取本品 2 mL 缓缓滴入微温的碱性酒石酸铜试液中，即生成氧化亚铜的红色沉淀。

（2）氯化物

取供试品溶液 1 mL，加稀硝酸使成酸性后，滴加硝酸银试液，即生成白色凝乳状沉淀，分离沉淀加氨试液即溶解，再加稀硝酸酸化后，沉淀复生成。

（3）钠盐

取铂丝，用盐酸湿润后，蘸取供试品，在无色火焰中燃烧，火焰即成鲜黄色。

（二）制剂常规检查

1. pH

（1）标准缓冲液的配制：精密称取在 115 ℃±5 ℃干燥 2～3 h 的邻苯二甲酸氢钾 0.506 g，加水使溶解并稀释至 50 mL；

精密称取在 115 ℃±5 ℃干燥 2～3 h 的无水磷酸氢二钠 0.355 g 与磷酸二氢钾 0.340 g，加水使溶解并稀释至 100 mL。

（2）依准确 pH 值对仪器进行校正，采用标准缓冲液校正仪器。

（3）用纯化水冲洗电极，用滤纸吸干，将电极插入被测溶液中，待电极反应平衡，即为供试液的 pH 值，反复测两次，取平均值。

2. 5-羟甲基糠醛

精密量取本品适量（约相当于葡萄糖 0.1 g）置于 50 mL 量瓶中加水稀释至

刻度，摇匀，按照紫外-可见分光光度法在 284nm 的波长处测定，吸光度不得大于 0.25。

3. 细菌内毒素

（1）根据鲎试剂灵敏度的标示值（λ），将细菌内毒素国家标准品或细菌内毒素工作标准品用细菌内毒素检查，用水溶解，在旋涡混合器上混匀 15 分钟，然后制成 2λ、λ、0.5λ 和 0.25λ 四个浓度的内毒素标准溶液，每稀释一步均应在旋涡混合器上混匀 30 分钟。

（2）取分装有 0.1 mL 鲎试剂溶液的 10 mm×75 mm 试管或复溶后的 0.1 mL/支规格的鲎试剂原安瓿 18 支，其中 16 管分别加入 0.1 mL 不同浓度的内毒素标准溶液，每一个内毒素浓度平行做 4 管；另 2 管加入 0.1 mL 细菌内毒素检查用水作为阴性对照。

（3）将试管中溶液轻轻混匀后，封闭管口，垂直放入 37 ℃±1 ℃的恒温器中，保温 60±2 分钟，如果凝胶不变形、不从管壁滑脱则为阳性；如果形成凝胶或形成的凝胶不坚实，变形并从管壁滑脱则为阴性。

（4）可见异物原理目视法

除另有规定外，置供试品于遮光板边缘处，在黑色背景下，用目检视，再在白色背景下检视一次。均不得检出可见异物。

（三）含量测定

1. 葡萄糖

取出旋光计的测定管，先用蒸馏水作空白对仪器进行校正。用供试液冲洗 3 次，缓缓注入供试液体适量（注意勿使发生气泡）。置于旋光计内，读取旋光度，连续测定 3 次，取平均值。计算供试量中含有 $C_6H_{12}O_6 \cdot H_2O$ 的标示量的百分含量（《中国药典》规定葡萄糖的比旋度：+52.6°～+53.2°）。

$$C=\frac{100\times\alpha}{[\alpha]_D^{25}\times L}\times\frac{M_{C_6H_{12}O_6}\cdot H_2O}{M_{C_6H_{12}O_6}}=\frac{100\times\alpha}{52.75}\times\frac{198.18}{180.16} \tag{5-6}$$

$$标示量\%=\frac{C}{标示量（g/100\ mL）}\times100\% \tag{5-7}$$

式中，C——供试量中含有 $C_6H_{12}O_6 \cdot H_2O$ 的质量；

L——旋光度测定管长度（2 dm）；

100 mL 表示该条件下测定的旋光度对应的是 100 mL 溶液中葡萄糖的含量；

198.18 表示水合葡萄糖的分子量；

180.16 表示无水葡萄糖的分子量；

$[\alpha]_D^{25}$ 表示葡萄糖溶液在 20 摄氏度时的比旋度（这里取的是+52.75°）。

《中国药典》规定含葡萄糖（$C_6H_{12}O_6 \cdot H_2O$）与氯化钠（NaCl）均应为标示量的95.0%～105.0%。

2. 氯化钠原理

用25 mL移液管精密移取葡萄糖氯化钠注射液20.00 mL置于250 mL锥形瓶中，加30 mL纯化水，加2%糊精溶液5 mL，2.5%硼砂溶液2 mL与荧光黄指示液5～8滴，用硝酸银溶液（0.1 mol/L）滴定。标准溶液滴定时溶液从黄绿色变至粉红色沉淀为滴定终点。记录消耗的$AgNO_3$标准溶液的体积。平行测定3次，计算样品中含NaCl的质量分数，每1 mL硝酸银滴定液（0.1 mol/L）相当于5.844 mg的NaCl。

$$\text{计算公式：氯化钠的标量量}\% = \frac{V \times T \times F \times 10 - 3 \times V_{每支}}{V_{供} \times S_{标}} \qquad (5-8)$$

式中，$V_{供}$为供试品的取样量（mL）；$S_{标}$为标示量，即每支注射剂的标示量（g）；$V_{每支}$指每支注射剂的体积（mL）。

五、注意事项

[含量测定——葡萄糖]

1. 注意试管内不能有气泡，测量时必须将其两端擦干。试管使用后，应及时用水或蒸馏水冲洗干净，揩干藏好。

2. 镜片不能用不洁或硬质布、纸去揩，以免镜片表面产生划痕等。

3. 仪器不用时，应将仪器放入箱内或用塑料罩罩上，以防灰尘侵入。

4. 仪器、钠光灯管、试管等装箱时，应按规定位置放置，以免压碎。

[含量测定——氯化钠]

1. 为了防止胶体聚沉，滴定前应加入糊精溶液，为了防止生成氧化银沉淀，应控制溶液为中性或弱碱性（pH 7～10）

2. 硼砂用于调节pH，由于卤代银胶体微粒对待测离子的吸附力略大于对指示剂的吸附力。这样可使计量点前胶体微粒吸附待测离子，当滴定稍过计量点时，胶体粒子就能立刻吸附指示剂离子变色。

实验八　硫酸阿托品注射液的含量测定

一、实验目的

1. 掌握酸性染料比色法的基本原理和操作。

2. 熟悉注射剂分析的基本操作技术。

3. 掌握比色法的基本方法，要求和计算。

二、实验原理

在 pH=5.6 溶液中，有机碱（B）可以与氢离子结合生成阳离子（BH^+），酸性染料（HIn）在此 pH 值下可解离成阴离子（In^-），阴离子可与上述阳离子（BH^+）定量地结合成有色离子对。定量地用有机溶剂提取，在420 nm处测定该溶液中有色离子对的吸收度，并与对照品比较，即可计算出有机碱药物的含量。本品含硫酸阿托品应为标示量的 90.0%～110.0%。

三、主要试剂和仪器

试剂：硫酸阿托品对照品及供试品、溴甲酚绿溶液（pH 3.6～5.2，黄～蓝)、氯仿。

仪器：分液漏斗、锥形瓶、移液管、UV－1102 型分光光度计等。

四、实验步骤

1. 对照品溶液的制备

取在 120 ℃干燥至恒重的硫酸阿托品对照品 25 mg，精密称定，置于 25 mL 容量瓶中，加水溶解并稀释至刻度，摇匀；精密量取 5 mL，置于 100 mL 容量瓶中，加水稀释至刻度，摇匀，即得，作为对照品溶液。每 1 mL 溶液中含无水硫酸阿托品 50 μg。

2. 供试品溶液的制备

精密量取硫酸阿托品注射液适量（约相当于硫酸阿托品 2.5 mg）于 50 mL 容量瓶中，加水稀释至刻度，摇匀，作为供试品溶液。

3. 硫酸阿托品的含量测定

精密量取对照品溶液与供试品溶液各 2 mL，分别置于预先精密加入氯仿 10 mL的分液漏斗中，各加溴甲酚绿溶液 2 mL，振摇提取 2 min 后，静置使分层，分取澄清的氯仿液（以水 2 mL、同法平行操作所得的氯仿液为空白）于 420 nm 的波长处分别测定吸收度，并将结果与 1.027 相乘，即得。

五、注意事项

1. 溴甲酚绿溶液的制备：取溴甲酚绿 50 mg 与邻苯二甲酸氢钾 1.021 g，加氢氧化钠液（0.2 mol/L）5 mL 使溶解，再加水稀释至 100 mL，摇匀，必要时滤过。

2. 本实验采用酸性染料比色法测定硫酸阿托品含量，实验中应严格控制水相 pH 并保证离子对化合物能定量提取进入氯仿层。

3. 振摇提取时既要能定量地将化合物提入氯仿层，又要防止乳化和少量水分不混入氯仿层，因此，需小心充分振摇。对照品与供试品应平行操作，包括振摇的方法、次数、速度、力度以及放置的时间等均应一致。

六、思考题

1. 酸性染料比色法的主要条件有哪些？结合实验说明如何控制这些条件。
2. 校正因子 1.027 是怎样算得的？

实验九　元素分析仪测定葛粉中 C、H、N 元素含量

一、实验目的

1. 了解元素分析仪的基本结构及工作原理。
2. 学习使用元素分析仪的微量称重处理、自动进样、方法设置、定量分析。

二、实验原理

vario EL CUBE 元素分析仪分为 CHNS 模式和 O 模式两种，CHNS 模式是将样品在高温下的氧气环境中催化氧化使其燃烧分解，而 O 模式要将样品在高温的还原气氛中通过裂解管分解，含氧分子与裂解管中活性炭接触转换成一氧化碳。生成气体中的非检测气体被去除，被检测的不同组分气体通过特殊吸附柱分离，再使用热导检测器对相应的气体进行分别检测，氦气作为载气和吹扫气。

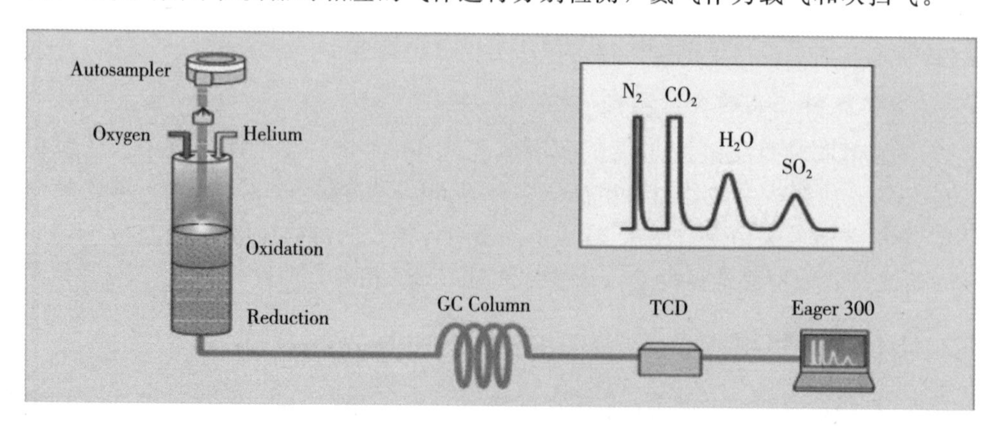

图 5－2　元素分析仪原理示意图

如图 5－2 所示，开始分析时，样品由锡杯包裹从自动进样器中落入反应管内，在 1150 ℃的富氧环境中，锡燃烧瞬间产生 1800 ℃高温，使得样品分解。有机物中碳、氢、氮元素，经二氧化钨颗粒催化氧化，电解铜还原后分别转化为二氧化碳、水蒸气、氮气的混合气体，在载气（氦气）的推动下，通过色谱柱的分离，最后由热导检测器（TCD）分别测定各组分的响应值。根据各组分的色谱峰值和对应元素的灵敏度（校正）因子 K 值，分别计算样品中各元素的含量。

本方法可用于有机化合物、燃料、药品、煤炭、高分子化合物、建筑材料、石化产品等样品中 C、H、N、S、O 元素的定量分析。

三、主要试剂与仪器

试剂：对氨基苯璜酰胺（Sulfanilamide）标准样品、苯甲酸（Benzoic Acid，ben）标准样品、葛粉样品。

仪器：vario EL CUBE 元素分析仪（图 5－3）1 台、预装有 vario EL CUBE 程序计算机 1 台、METTLER TOLEDO 高精度天平 1 台、打印机 1 台。

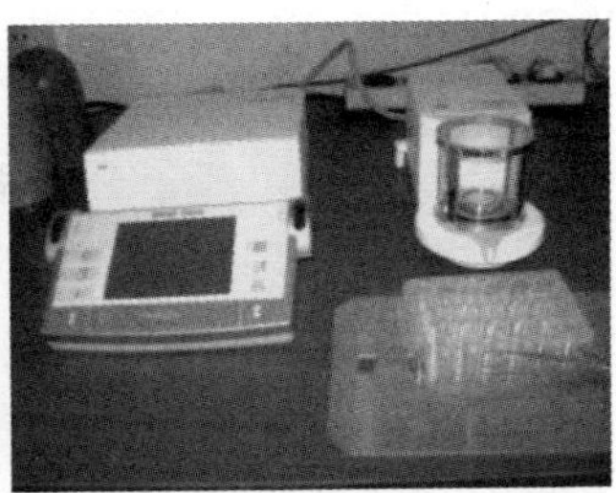

图 5－3　元素分析仪

四、实验步骤

1. 开机顺序

（1）开启计算机和打印机。

（2）拔掉主机尾气的堵头。

（3）开启 vario EL 主机电源，等待仪器球阀和进样盘初始化结束。

（4）打开氦气和氧气，将气体减压阀的出口压力调至 He：0.12 MPa，O_2：0.2 MPa。

（5）启动 vario EL CUBE 操作软件，设定进样盘到初始位置（0）。

2. 操作程序

（1）选择标样（检查操作模式是否正确）

进入操作程序 Standards 窗口，在出现的对话框中确认要使用标样的名称，如没有需使用的标样请在此对话框中定义，如：

CHNS 模式：Sulfanilamide 对氨基苯璜酰胺，输入 CHNS%的理论值。

O 模式：Benzoic Acid（可缩写为 ben）苯甲酸，输入 O%的理论值。

做日常样品测试时，选择使用 Factor and/or monitor sample 功能；重新制作标准曲线的标样测试时，选择使用 Calibration Sample 功能。

（2）炉温设定

进入操作程序 Options－Parameters，输入和/或确认加热炉设定温度，其中：

CHNS 模式：Furnace 1（右），1150 ℃；Furnace 2（中），850 ℃；Furnace 3（左），0 ℃；

O 模式：Furnace 1（右），1150 ℃；Furnace 2（中），0 ℃；Furnace 3（左），0 ℃

（3）测试样品前检查

① 气体的压力和流速

Press：1200～1250 mbar；MFC TCD 230 mL/min；MFC O_2 0 mL/min；Flow He 230 mL/min；

② 加热温度检查

CHNS 模式：燃烧管，1150 ℃；还原管，850 ℃

（4）建议样品测定顺序：

（列举 CHNS 模式，其他模式同样，只是标样不同。）

① 测试空白值，在 Name 输入 blk，在 Weight 栏输入假设样品重，先做 2～3 个加氧空白，再做 2～3 个无氧空白。在 Method 栏选 with O 或 without O。测试次数根据各元素的积分面积稳定值：N（Area），C（Area），S（Area）都小于 100；H（Area）＜1000；O（Area）＜500。

② 做 2～3 个条件化测试，样品名输入 Run in，使用标样，约 2 毫克，通氧方法选择“2 mg 8 s”。

③ 做 3～4 个标样对氨基苯璜酰胺测试，样品名输入 Sulfanilamide，精确称重 2 mg，通氧方法选择“2 mg 8 s”。

④ 以下可进行 20－30 个次样品测试，实验中采用不同样品（根据样品性质决定样品量和通氧参数）。

⑤ 再做 3～4 个 Sulfanilamide 对氨基苯璜酰胺标样测试，与③相同。

⑥ 以下又可进行 20～30 个次样品测试（根据样品性质决定样品量和通氧参数），以下可从步骤③循环执行。

（5）数据计算（用标样测试值做日校正因子修正）

① 进入 Math.－Factor Setup，在对话框中选用 Compute Factors

Sequentially 功能。

② 检查标样测试几次的数据是否平行，若平行，点击 Math. －Factor，完成校正因子计算。

③ 若标样几次测试数据存在不平行，可在选择平行的标样数据行上做标记（在选定数据上行点击鼠标右键，对所做标记的去除可在相应行上点鼠标右键），再进入 Math. －Factor Setup，激活 Compute Factor From Tagged Standards only，之后点 Math. －Factor 完成校正因子计算。

3. 设定分析结束后自动启动睡眠

（1）进入 Options－Sleep/Wake Up 功能对话框。

（2）使用 Activate reduced Gas flow 功能，在 Gas flow reduction to 中输入需要的值（建议 10%）。

（3）使用 Activate sleep Temperature，并在以下各 Reduce Furnace * * to 中输入需要降低到的温度。

（4）使用 Sleeping at end of Samples 功能。

（5）点击 OK，就可在样品分析结束后（样品重量为 0），仪器自动进入睡眠状态。

（6）启动 Auto 进行样品分析，若启动 Single 执行测试，则以上功能无效。

4. 关机步骤：

（1）样品自动分析结束后，如设定睡眠功能，则仪器自动降温，或在 Sleep/Wake Up 功能对话框中手动启动睡眠（点 Sleep Now），待 2 个加热炉都降温至 100 ℃以下。

（2）退出 vario EL 操作软件（执行 File 中的 Exit）。

（3）关闭氦气和氧气。

（4）关闭主机电源，开启主机加热炉室的门，让其长时间散去余热。

（5）将主机后面的尾气出口堵住。

（6）关闭计算机、打印机和天平等外围设备。

五、数据记录与处理（表 5－2）

表 5－2　实验数据记录

样品号	样品名称	样品重量	N	C	H
1					
2					
3					
4					

六、注意事项

1. vario EL CUBE 分析仪根据其操作模式，在一定的燃烧条件下，只适用于对可控制燃烧的大小尺寸样品中的元素含量进行分析。明确禁止对腐蚀性化学品、爆炸物或可产生爆炸性气体的物质进行测试，否则将对仪器产生破坏和对操作人员造成伤害。有可能对一些特定物质进行检测，如含氟、磷酸盐或样品含有重金属，会影响到分析结果或仪器部件的使用寿命。

2. 氧气的不足会降低催化氧化剂和还原剂的性能，从而也减少了它们的有效性和使用寿命。没有燃烧的样品物质仍然留在灰分管内，并将影响到下一个样品的测试分析结果。

3. 如果电源电压中断超过 15 分钟，必须对 vario EL CUBE 仪器进行检漏。这是由于通风中断不能散热，有可能造成炉室中的 O 型圈的损坏，必要时应更换。

七、思考题

1. 列举几点元素分析仪的应用。
2. 从实验数据看，葛粉是否可以长期作为主食？
3. 完成这次实验后，你获得了什么经验？有什么体会或者建议？

附　录

一、制药工程实验室安全知识

1. 不提倡明火加热，尽量使用油浴等；温控仪要接变压器，过夜加热电压不超过110V；各种线路的接头要严格检查，发现有被氧化或被烧焦的痕迹时，应更换新的接头。

2. 所有通气实验（除高压反应釜）应接有出气口，避免使用气球，需要隔绝空气的，可用惰性气体或油封来实现。

3. 实验操作时，保证各部分无泄漏（液体、气体、固体），特别是在加热和搅拌时无泄漏。

4. 各类加热器都应该有控温系统，如通过继电器控温的，一定要保证继电器的质量和有效的工作时间，容易被氧化的各个接触点要及时更新，加热器各种插头应该插到位并紧密接触。

5. 各种溶剂和药品不得敞口存放，所有挥发性和有气味物质应放在通风橱或橱下的柜中，并保证有孔洞与通风橱相通。

6. 回流和加热时液体量不能超过瓶容量的2/3，冷却装置要确保能达到被冷却物质的沸点以下；旋转蒸发时，不应超过瓶容量的1/2。

7. 要熟悉减压蒸馏的操作程序，不要发生倒吸和暴沸事故。

8. 做高压实验时，通风橱内应配备保护盾牌，工作人员必须戴防护眼镜。

9. 会正确操作气体钢瓶，并对各种钢瓶的颜色和各种气体的性质非常清楚。

10. 保证煤气开关和接头的密封性，学生应该会自己检查漏气的部位。

11. 各实验室应该备有沙箱、灭火器和石棉布，学生和教员必须知道何种情况用何种方法灭火，同时会熟练使用灭火器。

12. 各实验室应有割伤，烫伤，酸、碱、溴等腐蚀损伤的常规药品，应该清楚如何进行急救。

13. 进入实验室工作的人员，必须熟悉实验室及其周围的环境，如水阀、电闸、灭火器及实验室外消防水源等设施位置。

14. 离开实验室时，必须认真检查水、电、门、窗、气、拉闸断电，关闭门、窗、气、水后才能离开。

15. 增强环保意识，不乱排放有害药品、液体、气体污染环境。

16. 严格按规定放置、使用和报废各类钢瓶及加压装置，正确使用加热装置（包括电炉、烘箱等）和取暖装置。

17. 仪器、设备应规范使用并进行日常维护。

二、实验室教师守则

1. 认真履行职责，确保实验室各项教学科研任务的完成。

2. 做好实验前的准备工作，对每个实验的目的、方法、步骤都要详细设计，并准备好试剂和用品，确保学生实验的顺利进行，确保实验室及实验室人员的安全。

3. 严格要求学生，培养学生的实验动手能力，使学生养成良好的实验室工作习惯。

4. 认真指导学生实验，严格审查学生的实验数据，发现问题及时纠正。

5. 对于仪器、药品、试剂等本实验室物品，实行“谁借出，谁负责要回”，进行借还登记，只有教师具有借出权力，学生不得私自外借。

6. 实验室和有使用登记表的仪器设备凡使用务必登记。

7. 指导学生做好易制毒、易制爆等危化品存放及登记使用。

8. 做好实验日志，维护好实验仪器设备，对有故障和损坏的仪器设备及时填写相应的记录并报修。

9. 负责大型仪器实验教学的老师要全面掌握仪器的性能和操作规程。严格执行仪器使用和维护记录制度，认真记录开、关机时间，所测样品，人员培训以及仪器的运行状况，定期检查仪器的性能指标，确保实验数据准确无误。

10. 对未按要求完成实验准备工作、不认真进行实验操作或违反实验室制度的学生应予以严厉批评和制止。

11. 定期检查实验室安全，落实实验室安全防范措施，及时消除安全隐患。

12. 注意节水、节电、节约材料，杜绝浪费，保持实验室内的日常清洁卫生。

13. 下班或离开实验室时，必须锁门、关窗、断水、断电。

14. 不断学习，积极摸索和改进实验教学内容和教学方法，努力提高教学质量。

15. 期初在学院通知后的5天内完成网上实验课表的制定，期末在最后一个实验结束后的1周内收齐实验报告册，并在随后的10天内完成所有实验报告的批改和提交记分册。

三、实验室学生守则

1. 实验室和有使用登记表的仪器设备凡使用务必登记。

2. 遵守实验室制度、维护实验室安全，不违章操作，严防爆炸、着火、中毒、触电漏水等事故的发生。若发生事故应立即报告指导教师。

3. 进入实验室的学生必须穿实验服，保持实验室内的整洁、安静，不得迟到早退，不得喧哗、打闹、吸烟、进食和随地吐痰；不得穿凉鞋、高跟鞋或拖鞋；留长发者应束扎头发；禁止将食物或饮品等带入实验室。

4. 实验前做好预习，明确实验内容，了解实验的基本原理、方法和操作规程，安排好当天计划、争取准时结束。试验前应清点并检查仪器是否完整，装置是否正确，合格后方可进行试验。

5. 进入实验时，应认真操作，仔细观察，注意理论联系实际，用已学的知识判断理解、分析和解决实验中所观察到的现象和所遇到的问题，不断自己提高分析问题和解决问题的能力。依据实验要求，如实而有条理地记录实验现象和所得数据，记录不能随意涂改。严禁编造数据，弄虚作假。

6. 实验后要及时总结经验教训，不断提高实验工作能力；要认真书写实验报告，实验报告的字迹要工整，图表要清晰，按时交老师批阅；若实验报告不符合要求，必须返工重写。

7. 仪器设备的使用规范：按使用说明书规范操作，注意保养，用后及时关闭开关和拔掉插头；水浴锅中水不足及时补加（一般不少于 2/3），油浴锅切勿将水溅入，热电偶要插入液面以下；循环水式真空泵中循环水不足及时补加（一般不少于 3/4），循环水质过脏及时换水；旋转蒸发仪使用前各磨口、密封圈及接头安装前需要涂一层真空脂，加热水槽通电前必须加水，不允许无水干烧；如果真空抽不上来需检查维护。

8. 药品和试剂的使用规范：用完及时盖紧内盖（如有内盖），旋紧外盖，切勿将钥匙放入药品瓶中，然后放到指定位置。

9. 电子天平的使用规范：按照说明书规范使用，为保证天平精度，避免受到腐蚀，称量时注意不要将药品和试剂撒落或滴到天平和托盘上，如不慎撒落或滴上，用后及时轻轻擦掉；天平用完后，及时关闭开关和拔掉插头；用过的钥匙及时清洗，用过的称量纸等废弃物及时扔到垃圾桶内。

10. 玻璃仪器以及钥匙、镊子、搅拌子、搅拌桨等的清洗要及时、要洁净。若放在气流烘干器上干燥，干燥后要及时收到指定位置。

11. 仪器设备损坏、玻璃仪器破碎、药品试剂等存在安全隐患时，及时发现，及时向指导老师报告。

12. 废品、废液、废水的处理：按国家有关规定执行；实验过程中如产生黏稠液体等，老师指导学生妥善处理，确保“零”废品、废液积累。

13. 空试剂瓶的处理：空试剂瓶放到指定位置，切不要扔到垃圾桶，试剂瓶残液如无毒或低毒且可溶于水，空瓶可以用自来水冲洗后，再放到指定位置。

14. 清理实验台和打扫卫生：实验结束后，及时清理实验室台面（仪器设备和药品摆放整齐，台面擦拭干净）和水槽，打扫实验室卫生，并将实验室内垃圾倒入实验室外的垃圾桶内。

15. 水、电、门、窗的检查：最后1人离开实验室前，仔细检查是否有水龙头未关和漏水；是否有仪器未关和插头未拔（特殊原因需过夜的除外）、大功率设备墙上插头是否拔掉；是否有门窗未关；窗帘是否已拉上；是否关掉实验室照明灯等；无问题后方可锁门离开。

16. 如遇到突发事情，妥善处理，并及时向指导老师报告。

17. 对不听从指导老师安排和要求、不遵守实验室管理规定的，取消个人在本实验室从事任何活动的资格。

18. 对未按仪器设备、药品、试剂等使用规范和实验操作规范，以及实验室水、电、门、窗未关等，由人为原因造成实验室安全事故的，个人承担责任。

四、化学试剂的分类

化学试剂分为无机试剂和有机试剂两大类。按用途分为标准试剂、高纯试剂、特效试剂、指示剂和生化试剂等。我国化学试剂产品有国家标准（GB）、行业标准（ZB）和企业标准（QB）等。选用试剂时，应根据具体要求取用，不要盲目追求纯度。取用试剂时要注意保持清洁，以免被腐蚀。

化学试剂的规格是以其中所含杂质多少来划分的，一般可分为四个等级，其规格见附表1所列。此外，还有一些特殊用途的高纯试剂，如光谱纯试剂、基准试剂、色谱纯试剂等。

附表1　化学试剂规格

等级	名称	英文名称	符号	标签标志
一等品	优级纯（保证试剂）	Guaranteed reagent	GR	绿色
二等品	分析纯（分析试剂）	Analytical reagent	AR	红色
三等品	化学纯	Chemical reagent	CP	蓝色
四等品	实验试剂	Laboratorial reagent	LP	棕色等
	生物试剂	Biological reagent	BR	黄色等

五、实验预习、记录与报告

1. 实验预习

在实验前，对所做的实验应该做好预习工作。预习工作包括实验目的、实验操作的原理和方法，注意实验中可能出现的危险及处置方法，应给出详细的报告。同时还要了解反应中化学试剂的化学计量学用量，对化学试剂和溶剂的理化常数等要记录在案，以便查询。

2. 实验记录

做好实验记录和实验报告是每一个科研人员必备的基本素质。实验记录应记在专门的实验记录本上，实验记录本应有连续页码。所有观察到的现象、实验时间、原始数据、操作和处理方法、步骤均及时、准确、详细地记录在记录本上，必须按其所获得的时间顺序记录，必须注明日期，保证实验记录的完整性、连续性和原始性。记录必须简明、字迹整洁，有差错的记录只能打叉而不能涂掉。将实验情况记录在便条纸、纸巾上等做法都是错误的。另外，记录要做到简要明确，字迹整洁。

3. 实验报告

总结实验进行的情况、分析实验中出现的问题和整理归纳实验结果是必不可少的基本环节，是把直接的感性认识提高到理性认知层面的必要步骤。同时通过实验报告也反映出每个同学的水平，是评分的重要依据。实验报告具有原始性、纪实性、试验性的特点。报告中应填入所有的原始数据和观察到的现象。

报告具体内容如下：

（1）实验日期；

（2）实验名称；

（3）实验目的；

（4）实验原理；

（5）试剂和仪器；

（6）实验步骤（须表述详细，使其他人能重复实验）；

（7）数据记录与处理（实验数据以表格形式给出）；

（8）实验结论；

（9）讨论。

主要参考文献

[1] 林强，张大力，张元．制药工程专业基础实验［M］．北京：化学工业出版社，2011.
[2] 李柱来，孟繁浩．药物化学实验指导［M］．北京：中国医药科技出版社，2016.
[3] 张振秋，马宁．药物分析实验指导［M］．北京：中国医药科技出版社，2016.
[4] 裴月湖．天然药物化学实验指导［M］.4版．北京：人民卫生出版社，2016.
[5] 刘娥．制药工程专业实验［M］．北京：化学工业出版社，2016.
[6] 周建平，蒋曙光．药剂学实验与指导［M］.2版．北京：中国医药科技出版社，2020.
[7] 尤启冬．药物化学实验与指导［M］.2版．北京：中国医药科技出版社，2021.